Scala实用指南

Pragmatic Scala
Create Expressive, Concise,
and Scalable Applications

[美] 文卡特·苏帕拉马尼亚姆（Venkat Subramaniam） 著

何品 沈达 译

人民邮电出版社

北京

图书在版编目（ＣＩＰ）数据

Scala实用指南 / （美）文卡特·苏帕拉马尼亚姆
(Venkat Subramaniam) 著；何品，沈达译. -- 北京 :
人民邮电出版社, 2018.7
书名原文: Pragmatic Scala: Create Expressive,
Concise, and Scalable Applications
ISBN 978-7-115-48356-0

Ⅰ. ①S… Ⅱ. ①文… ②何… ③沈… Ⅲ. ①JAVA语
言－程序设计－指南 Ⅳ. ①TP312.8-62

中国版本图书馆CIP数据核字(2018)第086260号

版权声明

♦ 著　　[美] 文卡特·苏帕拉马尼亚姆（Venkat Subramaniam）
　　译　　　何 品 沈 达
　　责任编辑　杨海玲
　　责任印制　焦志炜
♦ 人民邮电出版社出版发行　　北京市丰台区成寿寺路 11 号
　　邮编　100164　电子邮件　315@ptpress.com.cn
　　网址　http://www.ptpress.com.cn
　　北京九州迅驰传媒文化有限公司印刷
♦ 开本：800×1000　1/16
　　印张：15.75　　　　　　　　2018 年 7 月第 1 版
　　字数：330 千字　　　　　　2024 年 8 月北京第 10 次印刷
　　著作权合同登记号　图字：01-2016-1193 号

定价：69.00 元

读者服务热线：(010)81055410　印装质量热线：(010)81055316
反盗版热线：(010)81055315
广告经营许可证：京东市监广登字 20170147 号

内容提要

　　本书是为想要快速学习或者正在学习 Scala 编程语言的 Java 开发者写的，循序渐进地介绍了 Scala 编程语言的多个方面。

　　本书共分为 4 个部分：第一部分详细介绍 Scala 的一些基础知识，并和 Java 中的相关概念进行了参照，方便读者快速上手 Scala；第二部分进一步介绍 Scala 的一些中级知识，以及与 Java 的一些差异点，方便读者编写出更简洁的代码；第三部分介绍在 Scala 中如何进行并发编程，并务实地介绍 Akka 套件；第四部分通过实战练习对前面的知识进行综合应用，并系统地介绍如何与 Java 进行互操作。此外，附录部分还包括一些额外指引。

　　本书的目标读者是对 JVM 平台上的语言以及函数式编程感兴趣的程序员。阅读本书不需要读者熟悉 Scala 编程语言，但需要读者具备 Java、面向对象编程的背景知识。因为本书以一种非常务实的方式组织内容，所以读者无法学到 Scala 的所有内容，但是足以应付日常工作，如果想要更全面地学习 Scala 以及其背后的一些设计理念，则最好辅以其他图书。

对本书的赞誉

为 Java 程序员提供了节奏明朗、易于阅读和实用的 Scala 指南，涵盖了这一强大的多范式编程语言的多个重要方面，确保读者可以快速上手 Scala，并变得富有生产力。

——Ramnivas Laddad，*AspectJ in Action* 一书的作者，演说家和咨询师

在本书中，作者提供了坚实的基础，以帮助你在一本完整而简洁的书中学习 Scala，你可以（也应该）从头到尾地阅读。书中探讨了 Scala 中所有你需要熟悉的最重要主题，从 REPL 开始介绍，然后讲到用 Scala 进行函数式编程、使用 Actor 处理并发以及与 Java 的互操作能力。你一定会迫不及待地打开自己的编辑器或者 IDE，来探索本书中众多引人入胜的有趣例子！

——Scott Leberknight，Fortitude 科技公司软件架构师

在充满了 Twitter、博客和小视频的世界里，长篇大论依然还有一席之地。它给了老师足够的时间来引入具备挑战性且复杂的话题。而且，平心而论，Scala 本身就是一个具备挑战性且复杂的话题。请借此机会，让 Venkat 带你熟悉 Scala 编程语言、函数式编程、并发、测试策略以及更多的主题吧。

——Brian Sletten，Bosatsu 咨询公司总裁

我为我所有的 Scala 课程都推荐本书有两个原因：它轻松易读地涵盖了所有的 Scala 基础知识，并循序渐进地讨论了一些高级特性。对于任何学习 Scala 的人来说，这都是需要的一本书。

——Daniel Hinojosa，程序员、讲师、演说家、*Testing in Scala* 一书的作者

我最喜欢 Venkat 的一点是，他可以通过对话的风格来介绍复杂的概念或者未知的话题，从读者熟悉的概念开始，循序渐进。这本书也不例外。我强烈推荐给任何想要学习 Scala，尤其是有 Java 背景的读者。

——Ian Roughley，nToggle 公司工程总监

序

接到同事沈达请我为本书作序的邀请时很惊喜，惊的是我近半年没使用 Scala 进行编程了，担心自己已经丢失了对最新 Scala 特性的跟踪，喜的是速读本书后我发现，本书竟是如此熟悉和容易上手，完全刷新了我对 Scala 各个特性的记忆，并使我有了使用 Scala 写一个小工具的冲动。

Scala 是一门极简且高效的程序设计语言，也是一门复杂的语言，更是一门千人千面的语言。使用 Scala 可以进行面向对象的声明式编程，也可以进行函数式编程；可以进行业务代码的编制，也可以进行元程序的编制（定义程序的程序）；可以开发大规模的服务应用，亦可进行类似 shell 的脚本编程；可以使用共享变量的并发编程模式，当然也可以采用基于 Actor 的消息机制的高并发编程模式。一个新人进入 Scala 的世界，学习和训练的路径有很多，而本书更多的是将语言最好的实践经验总结出来并呈现给读者，让读者能够高效简洁地使用 Scala 语言来实现复杂的功能。

本书对 Scala 各种特性进行了循序渐进的讲解，从 Java 引入（有 Java 基础的程序员会更容易入手），到使用 Scala 进行面向对象编程，进而介绍函数式编程的概念，随后讲解 Scala 最擅长的并发领域编程使用，从不可变性引出基于消息的 Actor 编程模型，最后通过 Scala 的实战讲解了如何编写单元测试。书中穿插了丰富的示例，令我惊讶的是某些部分使用了形象的图形去解释程序结构，非常通俗易懂。

早些年我在翻译 *Functional Programming in Scala* 一书的过程中，体会到函数式编程的强大，也体会到函数式编程的复杂，Scala 标准库（如 Collection）的编写过程践行了函数式编程的大量核心抽象，读者如果感兴趣可以自行查看。本书使用通俗方式和示例介绍了 Scala 函数式编程方面最实用的实现（如高阶函数、柯里化等），这些特性都对编写简洁、高效的程序十分有帮助，相信很多读者在日常工作中都会用到。

最后，Scala 程序员是幸福的，因为 Scala 给了我们去编写优雅的代码的能力；Scala 程序员也是辛苦的，因为 Scala 的学习曲线是有的，而且如何权衡和使用语言强大丰富的特性需要更多的实践和思考。

曹宝，挖财大数据负责人

译者序一

我第一次接触 Scala，还是在 2012 年，因为项目中用到了 Play 框架，好奇心驱使我要看一看源代码，我"不自量力"地打开一看才发自己完全看不懂。这种挫败感在今日依然记忆犹新。自此开始了我学习 Scala 并进一步了解 Akka 的过程，毕竟，我的初衷只是为了看懂 Play 的源代码而已。

我个人学习 Scala 的路线比较曲折。为了学习 Scala，我又相继学习了 Clojure、Haskell 和 Elixir 等编程语言，虽然这些编程语言我都不算特别深入，但是的确对我学习 Scala 有莫大的帮助。因为 Scala 是一门多范式语言，并且非常灵活，其中的知识点也异常多，在看了多本相关图书，并做了不少动手练习之后，我才有点儿"初窥门径"的感觉。

在我熟悉了 Scala，学习了 Akka，并将它们应用到生产实践中之后，我才发现，实际上，很多"费脑"的代码在我们的日常业务开发中几乎不会用到，只是设计库的话可能会用得多一点，而这些认知，我当年并没有，以至于学习和练习了太多"无用"的技能，并极大地推迟了我体味 Scala 的"乐趣"的时间。随着编程经验的增多，以及在北京参加 Scala 线下聚会的讨论，我觉得，Scala 不是难，而是很难，难在缺乏一本浅近易学、循序渐进的图书。社区有时候弥漫的风气会让你觉得：代码写得太平实，就不能表现出真正的实力。因此，无论国内还是国外，大家热衷分享的都是一些第一眼看过去不知所云，第二眼看过去竟会让你不知所措的代码片段。而我要说的是，这并非日常，也并不值得推崇。

Scala 是一门简洁的高级编程语言，同时结合了面向对象编程（OOP）和函数式编程（FP）两种编程范式，Scala 强大的静态类型系统和编译器，让我们可以在编写高性能的复杂应用程序时，提前避免错误的发生，而 JVM、JavaScript 以及 Native 的运行时又让我们可以"一次投入，多平台受益"。得益于 Scala 和 Java 的良好互操作性，我们可以方便自然地使用和编写用于 JVM 生态的库。随着 Java 8 以及 Scala 2.12 的发布，这样的便捷性已得到了进一步的增强。

我本打算写一系列叫作"Scala 快车道"的书，让更多的人能够感受到使用 Scala 编程的高效和快乐。不过已经有了这本优秀、务实的入门图书，所以我就毛遂自荐来翻译了。我要特别感谢沈达，在翻译本书的过程中他比我付出得更多，并极大地提高了译稿的质量，当然还要感谢陈涛、张江锞、林炜翔、宋坤和周逸之等对本书进行的审阅，他们都怀着极大的热情帮助我们进一步提高了本书的质量。

我们把书中的代码都放在了 GitHub 上（https://github.com/ReactivePlatform/Pragmatic-Scala），这样方便大家下载和使用，默认使用的是原书文件夹的方式，而且还有一个名为 sbt 的分支，以方便大家在 IDE 中直接使用。我希望本书可以方便大家快速入门，并在项目中实践起来，同时适度地利用 Scala 的自由性和灵活性，编写简洁、平实和富有表现力的代码，让 Scala 更容易在团队之间交流，让更多人受益于这种简洁和表现力。

当然，我最应该感谢的是我的爱人和女儿们，感谢她们的体谅和支持，她们是我一切动力的来源。

何品

2018 年 3 月于杭州

译者序二

我是在开始学习 Java 的同时开始接触 Scala 的，在此之前饶有兴致地学过 Scheme，也看过几章《Haskell 趣学指南》，因此对 Scala 中的一些函数式编程的概念并不陌生。我喜欢 Scheme 那种简洁之美，但是很遗憾，使用 Scheme 构建应用程序往往缺砖少瓦，困难重重。而 Haskell 给人一种繁复艰深的感觉，阅读和编写 Haskell 代码的心智负担比较大。Scala 是一门理想的语言，既满足了编程语言爱好者不灭的好奇心，又恰到好处地弥补了 Java 语言所缺失的简洁和表达力。得益于与 Java 良好的互操作，使用 Scala 可以站在 Java 庞大的生态之上，迅速构建出应用程序。

Scala 的美在于精巧的内核，Scala 的丑陋在于复杂的实现。作为程序员，我们不可能只品尝精巧的美而忽视复杂的丑陋。本书的长处在于克制，恰到好处地引导 Java 程序员进入 Scala 的世界，也指明了深入学习的路径。对已经熟悉 Scala 的程序员来说，本书也可以作为编写易读 Scala 代码的指南。Scala 是多范式的，从实际工作的角度，我个人比较推崇编写贴近 Java 风格的 Scala 代码，并适度地利用 Scala 的语言特性简化代码，我认为这也是本书一以贯之的主题。

因为 Java 语言表现力有限，所以我们需要使用各种设计模式提高代码的抽象能力，固化编码逻辑。Scala 这门语言在设计之初就借鉴了大量现存的语言特性，并吸取了许多设计模式中的精华，因此表现力非常强大。就我个人所了解的，Spark Catalyst 源代码中利用抽象语法树的模式匹配做执行计划的优化，直观明了，大大降低了 SQL 执行计划优化器开发的门槛。很难想象，使用 C 或者 C++，如何才能够编写出易于阅读、易于维护的等价实现。

Scala 太灵活了，在学习的过程中难以避免会遇到不少艰深的小技巧，也会遇到各种陷阱。因此，一方面我们编码需要克制，另一方面我们需要加深自己对 JVM 上代码运行机制的理解。王宏江的博客是不可多得的学习资料，能够帮助我们拨开语言特性的迷雾，直击代码运行的本质。本书与其如出一辙，也有不少深入 JVM 字节码的分析，模仿这种分析方式，结合 GitHub 上的 Scala 标准库源代码，我们能够提升自己诊断问题的能力，加深对这门语言的理解。

本书诚如其名——实用。在内容的编排上，本书除了对语言本身的提炼，也同时介绍了 Akka 和单元测试，这对工程实践来说有极大的帮助。对还没有参与过真正工程开发的读者来说，掌握单元测试是必要的。在阅读大型开源项目的时候，从单元测试入手，可以窥得项目的设计轮廓和 API 完整的使用方法。越是优秀的开源项目，其单元测试越是完整、易读。在翻译本书的时候，个人还没有接触过 Akka，审阅合译者翻译的本书第 13 章之后，我理解了 Actor 模型中隔离的可变性。在最近的工作中，这些知识和 Akka 的文档，帮助我发现了一个使用 Akka 的开源软件中对 IO 操作和 Actor 模型误用而导致的性能问题。

Scala 官方也提供了 Gitter 的中文聊天室，贴代码比较方便，任何 Scala 相关的问题都可以在聊天室交流。我（@sadhen）和何品（@hepin1989）都在聊天室中。

最后，感谢在翻译过程中挖财诸位同事在工作上的帮助，也非常感谢我的领导曹宝开明的管理风格和一贯以来对技术好奇心和驱动力的鼓励。当然，也非常感谢合作译者何品大哥，何品大哥对技术的执着和热情、在开源社区的参与度、技术深度和流畅严谨的译笔，都深深地感染着我鼓励着我。

沈达

2018 年 3 月于杭州城西

致谢

当我签约写这本书的时候，我对要面对的挑战知之甚少。由于颈部受伤，日常的例行工作都变得难以为继。在花了好几个月的时间恢复健康之后，我决定退出本书的编写工作。Pragmatic Programmers 出版社没有以出版方的身份作出回应，而是以朋友和家人的身份来帮助我。我以前找的是出版社，现在我知道，我找到了真正的朋友。感谢 Susannah Pfalzer、Dave Thomas、Andy Hunt 以及所有其他帮助本书出版的团队成员。

我由衷地感谢本书的技术审稿人。感谢 Scott Leberknight——他每次审我的书，我都收获颇丰。感谢 Daniel Hinojosa、Rahul Kavale、Anand Krishnan、Ted Neward、Rebecca Parsons、Vahid Pazirandeh 和 Ian Roughley 在本书出版过程中付出的宝贵时间和投入——我真心地感谢你们所做的一切。本书中任何的纰漏都是我的。

感谢本书还在预览状态时就购买本书的每个人。感谢 David Dieulivol 和 Chris Searle 提交勘误。

Jackie Carter 的鼓励、支持、意见和建议使我获益匪浅。和她互动绝对轻松愉悦，并且极具指导力量。感谢你 Jackie，感谢你所做的一切。你使编写本书的过程非常愉快。

如果没有我的妻子 Kavitha 以及儿子 Karthik 和 Krupa 的支持，我就不能完成这一切，感谢你们。

前言

很高兴见到你对 Scala 感兴趣。感谢你选择本书来学习和练习这门编程语言，你将感受到在一种编程语言中融合面向对象和函数式编程这两种编程范式所带来的巨大优势。

Java 生态系统是目前用于开发和部署企业级应用最强大的平台之一。Java 平台几乎无所不在并且用途广泛；它类库丰富，可以在多种硬件上运行，并且衍生出了 200 多种基于此平台的编程语言。

我有幸学过并在工作中用过十几种编程语言，而且还为其中一些写过书。我觉得，编程语言就像各种型号的汽车——它们各执所长，帮助我们掌控平台的方向。现如今，程序员能够自由选择乃至混合使用多种编程语言完成应用程序，着实令人欣喜。

典型的企业级应用受困于各种问题——烦琐的代码难以维护，可变性增加了程序出错的可能，而共享的可变状态也让并发编程的乐趣变成了炼狱。我们一再深陷主流编程语言拙劣抽象能力的泥潭中。

Scala 是编译成 JVM 字节码的最强大的编程语言之一[1]。它是静态类型的，简洁且富有表现力，而且它已经被各种组织用于开发高性能、具有伸缩性、即时响应性和回弹性的应用程序。

这门编程语言引入了合理的特性并规避了一些陷阱。Scala 及其类库让我们能够更多地关注问题领域，而不是陷入各种底层基础设施（如多线程与同步）实现细节的泥沼之中。

Scala 被设计成用于创建需要高性能、迅速响应和更具回弹性的应用。大型企业和社交媒体需要对庞大的数据进行高频的处理，Scala 正是为了满足这些需求而创造的。

Scala 被用于在多个领域（包括电信、社交网络、语义网和数字资产管理）中构建应用程序。Apache Camel 利用 Scala 灵活的 DSL 创建路由规则。Play 和 Lift 是两个使用 Scala 构建的强大的 Web 开发框架。Akka 则是一个用 Scala 构建的卓越类库，用于创建具有高即时响应性、并发性的反应式应用程序。这些类库和框架都充分利用了 Scala 的特性，如简洁性、表现力、模式匹配和并发。

---

[1] JVM 上主流的编程语言是 Java、Scala、Clojure、Groovy 和 Kotlin。——译者注

Scala 是一门强大的编程语言，但我们需要专注于 Scala 中最有价值的关键部分，才能通过它来获得生产效率。本书旨在帮助你学习 Scala 的精粹，让你高效产出，完成工作，并创建实用的应用程序。

Scala 提供了两种不同的编程风格，以帮助你创建实用的应用程序。

Scala 的编程风格

Scala 并不拘泥于一种编程风格。我们可以面向对象编程，也可以使用函数式风格，甚至可以结合两者的优点将它们混合使用。

面向对象编程是 Java 程序员熟悉的舒适区。Scala 是面向对象和静态类型的，并在这两方面都比 Java 走得更远。对于初学 Scala 的我们，这是个好消息，因为我们在面向对象编程上多年的投入不会浪费，而是化作宝贵的经验红利。在创建传统的应用程序时，我们可以倾向于使用 Scala 提供的面向对象风格。我们可以像使用 Java 那样编写代码，利用抽象、封装、继承尤其是多态的能力。与此同时，当这些能力无法满足需求时，我们也并不受限于这种编程模型。

函数式编程风格越来越受关注，而 Scala 也已支持这种风格。使用 Scala，我们更容易趋向不可变性，创建纯函数，降低不可预期的复杂度，并且应用函数的组合和惰性求值（lazy evaluation）策略。在函数式风格的助益下，我们可以用 Scala 创建高性能的单线程和多线程应用程序。

Scala 和其他编程语言

Scala 从其他编程语言（尤其是 Erlang）中借鉴了许多特性。Scala 中基于 Actor 的并发模型就深受在 Erlang 中大行其道的并发模型启发。类似地，Scala 中的静态类型和类型推断（type inference）也是受到别的编程语言（如 Haskell）的影响。其函数式编程的能力也是借鉴了一些函数式编程的先导者们的长处。

Java 8 引入了 lambda 表达式和强大的 Stream API 后（可以参考 *Functional Programming in Java: Harnessing the Power of Java 8 Lambda Expressions*[Sub14]一书），使用 Java 也能编写函数式风格的代码了。这对 Scala 或者 JVM 上的其他编程语言并不会是威胁，反而会缩小这些编程语言之间的隔阂，使程序员接纳或者在这些编程语言间切换变得更加轻松。

Scala 能和 Java 生态系统无缝衔接，我们能够在 Scala 中使用 Java 类库了。我们可以完全使用 Scala 构建应用程序，也可以将其与 Java 以及 JVM 上的其他编程语言混合使用。于是，Scala 代码既可以像脚本一样小巧，也可以像成熟的企业级应用一样庞大。

谁应该阅读本书

本书的目标读者是有经验的 Java 程序员。我假定读者了解 Java 语言的语法和 API。我还假定读者有丰富的面向对象编程能力。这些假定能够保证读者可以快速习得 Scala 的精粹并将其运用于实际的应用程序之中。

已经熟悉其他编程语言的开发者也可以使用本书，但是最好辅以一些优秀的 Java 图书。

已经在一定程度上熟悉 Scala 的程序员可以使用本书学习那些他们还没有机会探索的语言特性。熟悉 Scala 的程序员可以使用本书在他们的组织中培训同事。

本书中包含什么

我写本书的目的是让读者能够在最短的时间内上手 Scala，并使用它写出具有伸缩性、即时响应性和回弹性的应用。为了做到这一点，读者需要学习很多知识，但也有很多知识读者并不需要了解。如果读者的目的是想学习关于 Scala 编程语言的所有知识，那么总是会有一些知识无法在本书中找到。有其他一些关于 Scala 的图书在深度上做得很出色。读者在本书中学到的是那些必须了解的关键概念，目的是为了快速开始使用 Scala。

我假定读者对 Java 相当熟悉。因此，读者无法在本书中学习到编程的基本概念。但是，我并没有假定读者已经了解了函数式编程或者 Scala 本身——这是读者将会在本书中学习的内容。

我写本书是为了那些忙碌的 Java 开发者，所以我的目的是让读者能够快速适应 Scala，并尽早使用 Scala 来构建自己应用程序的一部分。读者将会看到书中的概念介绍节奏相当快，但是会附带大量示例。

学习一门编程语言的方式有很多，但没有比尝试示例代码（多多益善）更好的方式了。在阅读本书的同时，请键入示例代码，运行并观察结果，按照自己的思路修改它们、做各种实验、拆解并拼装代码。这将是最有趣的学习方式。

本书所用的 Scala 版本

使用自动的脚本，本书中的代码示例使用下面的 Scala 版本运行过：

```
Welcome to Scala 2.12.6 (Java HotSpot(TM) 64-Bit Server VM, Java 1.8.0_172).
```

花几分钟时间为自己的系统下载合适版本的 Scala。这有助于运行本书中的代码示例（从而避免 Scala 版本导致的细节困扰）。

线上资源

读者可以从出版社网站①上本书的页面下载到所有示例代码。读者也可以提供反馈，直接提交勘误，或者在论坛上评论和提问。

下面是能够帮助读者开始阅读本书的若干网络资源：直接访问 Scala 的官方网站可以下载 Scala。读者可以在其文档页面找到 Scala 标准库的文档。

让我们攀登 Scala 这座高峰吧。

---

① https://www.epubit.com

资源与支持

本书由异步社区出品，社区（https://www.epubit.com/）为您提供相关资源和后续服务。

配套资源

本书提供如下资源：

- 本书源代码。

要获得以上配套资源，请在异步社区本书页面中点击 配套资源 ，跳转到下载界面，按提示进行操作即可。注意：为保证购书读者的权益，该操作会给出相关提示，要求输入提取码进行验证。

提交勘误

作者和编辑尽最大努力来确保书中内容的准确性，但难免会存在疏漏。欢迎您将发现的问题反馈给我们，帮助我们提升图书的质量。

当您发现错误时，请登录异步社区，按书名搜索，进入本书页面，点击"提交勘误"，输入勘误信息，点击"提交"按钮即可。本书的作者和编辑会对您提交的勘误进行审核，确认并接受后，您将获赠异步社区的 100 积分。积分可用于在异步社区兑换优惠券、样书或奖品。

扫码关注本书

扫描下方二维码，您将会在异步社区微信服务号中看到本书信息及相关的服务提示。

与我们联系

我们的联系邮箱是 contact@epubit.com.cn。

如果您对本书有任何疑问或建议，请您发邮件给我们，并请在邮件标题中注明本书书名，以便我们更高效地做出反馈。

如果您有兴趣出版图书、录制教学视频，或者参与图书翻译、技术审校等工作，可以发邮件给我们；有意出版图书的作者也可以到异步社区在线提交投稿（直接访问 www.epubit.com/selfpublish/submission 即可）。

如果您是学校、培训机构或企业，想批量购买本书或异步社区出版的其他图书，也可以发邮件给我们。

如果您在网上发现有针对异步社区出品图书的各种形式的盗版行为，包括对图书全部或部分内容的非授权传播，请您将怀疑有侵权行为的链接发邮件给我们。您的这一举动是对作者权益的保护，也是我们持续为您提供有价值的内容的动力之源。

关于异步社区和异步图书

"**异步社区**"是人民邮电出版社旗下 IT 专业图书社区，致力于出版精品 IT 技术图书和相关学习产品，为作译者提供优质出版服务。异步社区创办于 2015 年 8 月，提供大量精品 IT 技术图书和电子书，以及高品质技术文章和视频课程。更多详情请访问异步社区官网 https://www.epubit.com。

"**异步图书**"是由异步社区编辑团队策划出版的精品 IT 专业图书的品牌，依托于人民邮电出版社近 30 年的计算机图书出版积累和专业编辑团队，相关图书在封面上印有异步图书的 LOGO。异步图书的出版领域包括软件开发、大数据、AI、测试、前端、网络技术等。

异步社区

微信服务号

目录

第一部分
小试牛刀

本书的第一部分将帮助 Java 程序员更加容易地适应 Scala，读者将了解：

- Scala 提供了什么；
- 如何创建类、元组等；
- 如何使用 REPL；
- Scala 和 Java 之间有哪些差异；
- 类型和类型推断。

第 1 章

探索 Scala

Scala 是一门强大的编程语言：不需要牺牲强大的静态类型检查支持，就可以写出富有表现力而又简洁的代码。

你可以使用 Scala 构建任意应用程序，小至小工具，大至完整的企业级应用。你可以使用熟悉的面向对象风格编程，也可以随时切换到函数式风格。Scala 并不会强迫开发人员使用唯一的风格编程，开发人员可以从自己熟悉的基础开始，并在适应后，利用更多其他特性，从而使自己变得更高产，使自己的程序更高效。

让我们快速探索 Scala 的一些特性，然后看一看用 Scala 写成的一个实用示例。

1.1　Scala 的特性

Scala 是 Scalable Language 的简称，是一门混合了面向对象编程的函数式编程语言。它由 Martin Odersky 创造，并于 2003 年发布了第一个版本。下面是 Scala 的一些关键特性：

- 同时支持命令式风格和函数式风格；
- 纯面向对象；
- 强制合理的静态类型和类型推断；
- 简洁而富有表现力；
- 能和 Java 无缝地互操作；
- 基于精小的内核构建；
- 高度的伸缩性，仅用少量代码就可以创建高性能的应用程序；
- 具有强大、易用的并发模型。

我们将在本书中细致地学习上面的每一个特性。

1.2　以少胜多

开始接触 Scala 时，你将会发现 Scala 与 Java 的第一个差异是，Scala 能用更少的代码做更多的事情。你写的每一行代码都充溢着 Scala 简洁而强大的优点。你开始使用 Scala 的关键特性，熟读之后，这些特性便会让你的日常编程变得相当高效——Scala 简化了日常编程。

让我们快速浏览一个示例，以了解 Scala 的强大和优势。在这个例子中，我们将会用到很多特性。即使此刻你并不熟悉 Scala 语法，也请在阅读的同时输入代码并编译运行。代码写得越多，熟悉得也就越快。

如果你还没有安装 Scala，可参考附录 A 中的步骤。下面是第一个代码示例。

Introduction/TopStock.scala

```
1    val symbols = List("AMD", "AAPL", "AMZN", "IBM", "ORCL", "MSFT")
2    val year = 2017
3
4    val (topStock, topPrice) =
5      symbols.map { ticker => (ticker, getYearEndClosingPrice(ticker, year)) }
6             .maxBy { stockPrice => stockPrice._2 }
7
8    printf(s"Top stock of $year is $topStock closing at price $$$topPrice")
```

如果这是你第一次看到 Scala 代码，不要因语法分心，现阶段应专注于代码的整体结构。

这段代码从指定的股票代码列表中计算出股价最高者。让我们把这段代码拆开来逐步理解。

先看代码的主体部分。在第 1 行，symbols 指向一个不可变的股票代码列表；在第 2 行，year 是一个不可变的值；在第 5 行和第 6 行，使用了两个功能强大的专用迭代器——map() 函数和 maxBy() 函数。在 Java 中，我们习惯用"方法"这个术语来指代类的成员，而"函数"这个术语通常用于指代不属于类的过程（procedure）。然而，在 Scala 中这两个术语可交换使用。

这两个迭代器分别行使了两种独立的职责。首先，我们使用 map() 函数遍历股票代码，以创建一个由股票代码及其 2017 年收盘价格组成的"对"或"元组"为元素的列表。最终结果的元组列表形式为 List（（股票代码 1，价格 1），（股票代码 2，价格 2），...）。

第二个迭代器处理第一个迭代器的结果。maxBy() 函数是一个从列表中取出最大值的专用迭代器。因为该列表中的值是元组（对），所以我们需要告诉 maxBy() 函数如何比较两个值。在 maxBy() 函数附带的代码块中，我们指定了一个包含两个元素的元组，我们感兴趣的是第二个属性（代码块中的_2）——价格。这段代码十分简洁，但却做了不少事情。图 1-1

将这些动作进行了可视化。

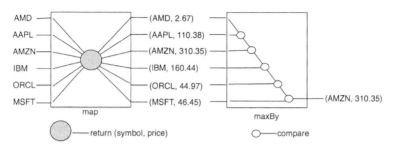

图 1-1

如图 1-1 所示，map() 函数将指定的函数或者操作（在这里是获取价格）应用到每一个股票代码上，并创建一个以股票代码及其价格为元素的结果列表；然后 maxBy() 函数在结果列表上计算得到价格最高的股票代码。

上述代码没有给出 getYearEndClosingPrice() 函数，接下来我们来看一看它。

Introduction/TopStock.scala

```scala
case class Record(year: Int, month: Int, date: Int, closePrice: BigDecimal)

def getYearEndClosingPrice(symbol: String, year: Int): BigDecimal = {
  val url = s"https://raw.githubusercontent.com/ReactivePlatform/" +
          s"Pragmatic-Scala-StaticResources/master/src/main/resources/" +
          s"stocks/daily/daily_$symbol.csv"

  val data = io.Source.fromURL(url).mkString
  val maxClosePrize = data.split("\n")
    .filter(record => record.startsWith(s"$year-12"))
    .map(record => {
      val Array(timestamp, open, high, low, close, volume) = record.split(",")
      val Array(year, month, date) = timestamp.split("-")
      Record(year.toInt, month.toInt, date.toInt, BigDecimal(close.trim))
    })
    .sortBy(_.date)(Ordering[Int].reverse)
    .take(1)
    .map(_.closePrice)
    .head
  maxClosePrize
}
```

即使你现在还不熟悉语法，这段代码也应该很容易阅读。在这个简短而亲切的函数中，我们向 Web 服务发送请求，并收到 CSV 格式的股票数据。然后我们解析这些数据，提取并返回年终收盘价。现在不用在意接收到的数据的格式，它对我们在这里所关注的焦点而言不重要。在第 15 章中，我们将重温这个例子，并提供与 Web 服务通信相关的所有细节。

要运行前面的例子，可以将上述两段代码保存到一个名为 `TopStock.scala` 的文件中，并且使用以下命令：

```
scala TopStock.scala
```

将会看到这样的结果：

```
Top stock of 2017 is AMZN closing at price $1169.4700
```

花几分钟时间研读这段代码，以确保自己了解这是如何工作的。在研究代码的过程中，要查看该方法是如何做到计算出最高价格而又无须显式更改任何变量或对象的。这整段代码完全只处理不可变的状态，一旦创建，没有变量或对象会被更改。因此，如果你要并行运行这段代码，不必担心任何同步和数据竞争问题。

我们已经从网络上获取了数据，做了一些比较，并产生了所需的结果——这是非常重要的工作，但它只需要几行代码。即使我们新增一些需求，这段 Scala 代码还是能保持简洁且富有表现力。让我们来看一看。

在这个例子中，我们从 Web 获取每个股票代码的数据，这涉及多次访问网络的调用。假设网络延迟是 d 秒，而我们要分析 n 支股票，那么顺序代码大概需要 $n \times d$ 秒。因为代码中最大的延迟在于访问网络来获取数据，所以如果我们并行地执行代码以获取不同股票代码的数据，那么我们可以将时间缩短到大约 d 秒。Scala 使得将顺序代码改成并行模式变得很简单，只需一个很小的改动：

```
symbols.par.map { ticker => (ticker, getYearEndClosingPrice(ticker, year)) }
      .maxBy { stockPrice => stockPrice._2 }
```

我们插入了对 `par` 的调用，就是这么简单。这段代码现在已经是在并行地处理每一个股票代码，而不是顺序迭代。

我们来强调一下这个例子的一些优点。

- 首先，这段代码很简洁。我们利用了 Scala 的许多强大特性，如函数值、（并行）集合、专用迭代器、不可变值、不可变性和元组等。当然，我还没有介绍这些概念，只是简单提及！所以，不要试图在这一刻就理解所有这一切，在本书的其余部分，我们将会娓娓道来。

- 我们使用了函数式风格，具体说来就是函数组合。我们使用 `map()` 方法将股票代码的列表转换为股票代码及其价格组成的元组的列表。然后我们使用 `maxBy()` 方法将其转换成所需的值。和使用命令式风格不同，我们将控制逻辑让渡给函数所在的标准库以完成任务，而不是耗费精力在迭代的控制上。

- 无痛地使用并发。没有必要再使用 `wait()` 和 `notify()` 方法或者 `synchronized` 关键字了。因为我们只处理不可变的状态，所以就不必耗费时间或者精力（甚至无数的不眠之夜）来处理数据竞争和同步。

这些优点已经让我们肩头的负担减轻不少。例如，我们几乎不费吹灰之力就将代码并发化了。有关线程多么令人头疼的详尽论述，参考 Brian Goetz 的 *Java Concurrency in Practice*[1][Goe06]一书。使用 Scala 可以专注于应用程序逻辑，而不用关心底层。

我们看到了 Scala 在并发上的优势。与此同时，Scala 也为单线程应用提供了诸多便利。Scala 赋予了我们自由，让我们可以随心选择或者同时混合使用命令式风格和无赋值操作的纯函数式风格。在 Scala 中，有了混用这两种风格的能力，我们就可以在单线程作用域中使用最合适的风格。而对于多线程或并发安全问题，我们倾向于使用函数式风格。

Java 中的原始类型在 Scala 中被看作对象。例如，2.toString()在 Java 中将产生编译错误，但在 Scala 中是有效的——我们在 Int 的实例上调用了 toString()方法。同时，为了提供良好的性能以及与 Java 互操作能力，在字节码级别上，Scala 将 Int 的实例映射到 int 的表示上。

Scala 编译成了字节码，这样我们就可以使用运行 Java 程序的方式来运行 Scala 程序，也可以用脚本的方式运行它。Scala 也可以很好地与 Java 互操作。我们可以从 Scala 类扩展出 Java 类，反之亦然。我们也可以在 Scala 中使用 Java 类，或者在 Java 中使用 Scala 类。我们甚至可以混合使用多种编程语言[2]，成为真正的多编程语言程序员。

Scala 是一门静态类型的编程语言，但与 Java 不同，它的静态类型更加合理——Scala 会尽可能地使用类型推断。我们可以依靠 Scala 本身来推断出类型，并将结果类型应用到其余代码中，而不是重复又冗余地指定类型。我们不应该为编译器工作，而应该让编译器为我们工作。例如，当我们定义 var i = 1 时，Scala 将立即推断出变量 i 的类型为 Int。如果此时我们尝试将一个字符串赋值给这个变量，如 i = "haha"，那么 Scala 就会抛出错误信息，如下所示：

```
sample.scala:2:
error: type mismatch;
 found   : String("haha")
 required: Int
i = "haha" // 编译错误
    ^
one error found
```

在本书后面，我们将看到类型推断是如何在这种简单定义以及函数参数和返回值上起作用的。

Scala 提倡简洁。在语句结尾放置一个分号是 Java 程序员的习惯。而 Scala 解放了程序员的右手小拇指——句末分号在 Scala 中是可选的。而且，这只是一个开始。在 Scala 中，根据

———————————

① 中文版书名为《Java 并发编程实战》。——译者注

② 这里指使用多种 JVM 上的编程语言，如 Kotlin、Groovy 和 Eta 等。——译者注

上下文，点操作符（.）和括号都是可选的。因此，我们可以编写 s1 equals s2 来替代 s1.equals(s2)。通过去除分号、点号和括号，代码获得了较高的信噪比，使得编写领域特定语言变得更加容易。

　　Scala 最有趣的特点之一是伸缩性。我们可以享受到函数式编程构造与功能强大的库之间的良好互操作性，以创建高度伸缩性的并发应用程序，并充分利用多核处理器上的多线程能力。

　　Scala 真正的美在于它的精简。与 Java、C#和 C++相比，Scala 中内置的核心规则十分精简。剩下的部分，包括操作符，都属于 Scala 标准库。这种区别影响深远。因为 Scala 本身做得越少，所以我们就可以发挥越多。它具有极佳的扩展性，它的标准库就是一个样例。

　　这一节中的代码展示了，我们仅用几行代码就可以完成许多任务。这种简洁性部分来源于函数式编程的声明式风格——接下来让我们对此做更进一步的研究。

1.3 函数式编程

　　函数式编程（Functional programming，FP）已经存在了数十年，但是它终于获得了很大的关注。如果你主要使用面向对象编程（Object Oriented Programming，OOP），那么你得付出一些努力才能适应函数式编程，而 Scala 能将这种负担减轻不少。

　　Scala 本质上是一门混合型编程语言，我们既可以使用命令式风格也可以使用函数式风格，这是把双刃剑。其优点在于，当使用 Scala 编写代码时，我们可以先使其工作，然后再做优化。对于刚刚接触函数式编程的程序员，他们可以先用命令式风格写好代码，然后再将代码重构成函数式风格。另外，如果一个特定的算法使用命令式风格实现真的比较好，那么很容易就可以用 Scala 编写出来。然而，如果团队滥用这种灵活性，随意组合编程范式的话，那么这种灵活性就可能会变成一种诅咒。首席开发人员的仔细监督对于帮助维护一种适合团队的一致编程风格可能是必要的。

　　函数式编程提倡不可变性、高阶函数和函数组合。这些特性合在一起就能使代码简洁、富有表现力、易于理解和修改。不可变性还有助于减少那些由于状态改变而悄然滋生的错误。

　　让我们花几分钟，通过和命令式风格的代码对比来获得对函数式编程的感觉。

　　下面是一段命令式风格的 Java 代码[①]，用于从给定日期开始的一系列温度中计算出最大值：

```
// Java 代码
public static int findMax(List<Integer> temperatures) {
  int highTemperature = Integer.MIN_VALUE;
  for(int temperature : temperatures) {
    highTemperature = Math.max(highTemperature, temperature);
```

[①] 如果使用 Java 8 的 Stream API 将会优雅得多，这里主要是为了对照。——译者注

```
  }
  return highTemperature;
}
```

Scala 也支持命令式风格，下面是 Scala 版本的代码。

Introduction/FindMaxImperative.scala

```
def findMax(temperatures: List[Int]) = {
  var highTemperature = Integer.MIN_VALUE
  for (temperature <- temperatures) {
    highTemperature = Math.max(highTemperature, temperature)
  }
  highTemperature
}
```

我们创建了可变变量 highTemperature，并在循环中持续修改它。我们必须确保正确地初始化可变变量，并在正确的地方把它们修改为正确的值。

函数式编程是一种声明式风格，我们只要指定做什么而不用指定如何去做。XSLT、规则引擎和 ANTLR 这些工具都普遍使用声明式风格。让我们把前面的代码用不带可变参数的函数式风格重写一下。

Introduction/FindMaxFunctional.scala

```
def findMax(temperatures: List[Int]) = {
  temperatures.foldLeft(Integer.MIN_VALUE) { Math.max }
}
```

上面的代码体现了 Scala 的简洁性和函数式编程风格。

我们创建了一个以不可变温度值集合作为参数的函数 findMax()。在括号和左大括号之间的=告诉 Scala 去推断这个函数的返回类型，在本例中是 Int。

在这个函数中，集合的 foldLeft() 方法在集合的每一个元素上应用函数 Math.max()。java.lang.Math 类的 max() 方法接受两个参数，并算出两者中的较大者。这两个参数在前面的代码中被隐式传递。max() 方法的第一个隐式参数是前一次计算出的最高值，而第二个参数是集合在被 foldLeft() 方法遍历时的当前元素。foldLeft() 方法取出调用 max() 方法的结果，也就是当前最高值，并将它传递到下一次对 max() 方法的调用中，以便和下一个元素进行比较。foldLeft() 方法的参数是最高温度的初始值。

图 1-2 用一些温度的样本值帮助我们将这个例子中 findMax() 函数的作用机制可视化。

图 1-2 展示了 findMax() 函数调用 foldLeft() 方法并作用到 temperatures 列表上的过程。foldLeft() 方法首先将给定的函数 Math.max() 作用于初始值 Integer.MIN_VALUE 和列表中的第一个元素 23。两者中的较大者 23 将会和列表中的第二个值一起被传入 Math.max() 方法。这次计算的结果是 27，也就是两者中的较大值，它将和列表中的最

后一个值相比较，还是使用 Math.max() 方法。在方框中的这些操作序列就是 foldLeft() 方法的内部作用机制。findMax() 方法最终将返回 foldLeft() 方法产生的结果。

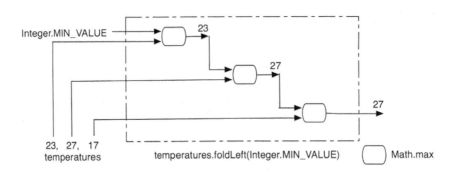

图 1-2

这个示例中的代码相当密集，需要花几分钟深入学习。

foldLeft() 方法需要费一些气力才能掌握——让我们通过另一个心算练习来理解它。做一个一分钟的假设，把集合中的元素看成排成一行的人，我们要算出其中最年长者的年龄。我们在一张纸条上写上 0 并交给该行上的第一个人。第一个人扔掉纸条（因为他的年龄比 0 大），并在一个新纸条上写下他的年龄 20，然后把纸条传递给下一个人。第二个人的年龄比 20 小，所以他只需把纸条传递给下一个人。第三个人的年龄是 32，他扔掉纸条并新写一张继续传递下去。我们从该行上最后那个人的纸条上获得的就是最年长者的年龄。将这个计算动作序列可视化将有助于了解 foldLeft() 内部的作用机制。

看前面代码的感觉就像把红牛一饮而尽。Scala 代码高度简洁而紧凑，你必须花费一些精力来学习。一旦这样做了，你就能从它强大的功能和丰富的表现力中受益。

我们来看一看函数式风格的另一个例子。假设我们想要一个列表，其元素是原始列表中的值的两倍。要实现这个功能，我们只需发出让所有元素都翻倍的指令，让 Scala 自己做循环即可，而不是循环遍历每一个元素，如下所示。

Introduction/DoubleValues.scala

```
val values = List(1, 2, 3, 4, 5)

val doubleValues = values.map(_ * 2)
```

关键字 val 可读作不可变的（immutable）。它告诉 Scala，变量 values 和 doubleValues 一旦创建就不能更改。

虽然看起来不像一个函数，但是_ * 2 就是一个函数。它是一个匿名函数（anonymous function），也就是说一个只有主体但没有名字的函数。下划线（_）表示传递给此函数的参数。

函数本身作为参数值传递给了 map() 函数。map() 函数迭代遍历集合，并把集合中的每一个元素作为参数值来调用匿名函数。总体的结果就是：一个由元素值是原始列表中元素值的两倍的元素所组成的新列表。

函数是 Scala 中的一等公民，这也解释了为什么我们能够把函数当作常规的参数和变量，在这个例子中，函数就是求一个数的两倍。

虽然我们获得了一个列表，其中元素的值都是原始列表中元素值的两倍，但是我们并没有修改任何变量或对象。这种不可变的方式是让函数式编程成为并发编程的理想编程风格的关键。在函数式编程中，函数是纯的，它们产生的输出只依赖于它们所接收到的输入，并且它们不会影响任何全局和局部变量的状态，也不会受任何全局或局部的状态影响。

编程中采用不可变性有明显的好处，但是复制对象而不是改变它们难道不会导致性能糟糕并增加内存使用吗？如果不小心，确实会这样。但是 Scala 依赖于一些特殊的数据结构来提供良好的性能和高效的内存使用[①]。例如，Scala 列表是不可变的，因此复制一个列表以在列表的头部增加一个额外的元素将复用已经存在的列表。因此，复制一个列表以将元素插入到列表的开头，在时间复杂度和空间复杂度上都是 $O(1)$。同样，Scala 的 Vector 用一种名为 Tries 的特殊不可变数据结构实现。在设计上，它就能够高效复制集合，以常数级的时间复杂度和空间复杂度来改变集合中的任意元素。

1.4　小结

通过本章中的几个示例，我们得以一窥 Scala 高度简洁和富有表现力的本质。这些简短的例子以走马观花的方式介绍了几个特性，包括函数式风格、易用的并发、集合的使用、酷炫的迭代器、不可变性编程、元组的使用。我们学习了变量和值的定义、静态类型检查以及类型推断。最重要的是，我们也看到了 Scala 是多么简洁且富有表现力。

我们已经快速接触了一些概念，在本书的其余部分，我们将对这其中的每一个概念都做更加深入的探讨。在下一章中我们将开始编译并运行 Scala 代码。

---

① 这里指的是持久化数据结构。——译者注

第 2 章

体验 Scala

令人惊喜的是，无论是创建一个简短的脚本还是一个完整的企业级应用，都可以轻松地用 Scala 代码实现并运行。你可以使用任何 IDE，也可以只使用轻量级的编辑器。

在本章中，我们将学习如何从命令行快速运行 Scala 脚本以及如何编译包含 Scala 代码的多个文件。如果你想探究 Scala 的运行机制，例如，推断出来的变量类型是什么，那么你随时可以快速跳入 REPL，Scala 将以交互的方式显示有用的细节。没有比通过尝试一些例子来学习 Scala 更好的方法了，所以请在阅读的同时输入代码并运行。让我们开始使用这个最有意思的交互式工具——REPL。

2.1 使用 REPL

相当多的编程语言都提供了 REPL（read-eval-print loop）工具，使用 REPL 可以便捷地键入代码片段，并以交互方式立即看到代码运行结果。除了执行代码片段外，REPL 往往还提供一些在运行时不方便获取的细节。这使得 REPL 成为一个特殊工具，可以用来做试验，也可以用来学习 Scala 推断变量或函数类型的方法。

名为 scala[①]的命令就是 Scala 的 REPL，也是尝试这种编程语言最快捷的方式。使用这个工具我们就可以开始把玩小巧的代码片段。它不仅仅是一个学习工具，在大型应用的开发中也非常有用。你可以在 REPL 中快速尝试一些代码原型，然后使用世界上最好的技术——复制和粘贴——从 REPL 复制代码到自己的应用程序中。

要启动 REPL，应在命令行（在终端窗口或命令提示符下）键入 scala。启动后会打印出一些介绍信息，紧跟着一个提示符：

---

① 我们还可以使用 sbt console 命令进入 REPL。——译者注

```
Welcome to Scala 2.12.6 (Java HotSpot(TM) 64-Bit Server VM, Java 1.8.0_172).
Type in expressions for evaluation. Or try :help.

scala>
```

在提示符下，键入 val number = 6，然后按下回车键。Scala shell 会响应，表明它根据赋给它的值 6 推断出变量 number 是 Int 类型的：

```
scala> val number = 6
number: Int = 6
```

现在尝试重新给 number 赋值，Scala 会反馈如下错误：

```
scala> number = 7
<console>:11: error: reassignment to val
       number = 7
              ^
```

Scala 提示说不能对不可变变量 number 进行重新赋值。但是在控制台中，可以重新定义不可变变量和可变变量。例如，shell 会默默地接受以下内容：

```
scala> val number = 7
number: Int = 7
```

在同一个作用域中[1]重新定义不可变变量和可变变量只在交互式的 shell 中可行，在真实的 Scala 代码和脚本中行不通——这种灵活性使在 shell 中做试验很方便，同时，在应用程序代码中规避错误。

我们已经看到 Scala 如何推断出类型为 Int。让我们看另外一个例子，在本例中变量的类型被推断为 List。

```
scala> val list = List(1, 2, 3)
list: List[Int] = List(1, 2, 3)
```

在编写应用程序代码的任何时候，如果不确定表达式会被推断成什么（类型），都可以快速在 shell 中尝试。

在 shell 中，使用向上箭头可以唤出上一次键入的命令。我们甚至可以在 shell 中找回之前启动 shell 时使用过的命令。

在输入一行命令时，按 Ctrl+A 可以转到行首，按 Ctrl+E 可以转到行尾。

只要收到回车键，shell 就会执行所输入的内容。如果没有完整输入然后按下回车键，例如，在写一个方法定义的过程中，shell 就会显示竖线（|）提示输入更多代码。例如，让我们在两行上定义一个方法 isPalindrome()，然后两次调用这个方法并查看结果：

```
scala> def isPalindrome(str: String) =
```

---

① 实际上，下一次重新定义的变量属于新的作用域，该作用域中相同名称的变量将会隐藏之前的定义。——译者注

```
      |     str == str.reverse
isPalindrome: (str: String)Boolean

scala> isPalindrome("mom")
res0: Boolean = true

scala> isPalindrome("dude")
res1: Boolean = false

scala> :quit
```

键入 :quit 退出 shell。

除了键入所有代码，还可以使用 :load 选项从文件加载代码到 shell 中。例如，要加载名为 script.scala 的文件，应键入 :load script.scala。在加载那些已经预先写好的函数和类，并在交互模式下做试验时，这个选项非常有用。

使用 shell 能方便地对小段代码做试验，你很快就会找到运行保存在文件中的代码的简易方法——你将在下一节中习得相关知识。

2.2　命令行上的 Scala

scala 命令有两种运行模式，即交互式的 shell 或者批处理模式。如果不提供任何参数，可以看到，这个命令会启动交互式 shell。但是，如果提供一个文件名，那么它可以在一个独立的 JVM 中运行这些代码。

我们提供的文件可以是脚本文件或目标文件，也就是由编译器生成的 .class 文件。在默认情况下，我们可以让工具猜测给定文件的类型，也可以使用 -howtorun 选项显式指定将其视为脚本文件或目标文件。要传入 Java 属性，应使用 -Dproperty=value 格式。让我们创建一个文件并使用命令运行它。

下面是一个名为 HelloWorld.scala 的文件的内容。

FirstStep/HelloWorld.scala
```
println("Hello World, Welcome to Scala")
```

使用命令 scala HelloWorld.scala 执行此脚本[1]，命令和输出如下：

```
>scala HelloWorld.scala
Hello World, Welcome to Scala
```

程序的输入参数都写在命令中文件名的后面。不需要额外的编译步骤，直接就可以运行脚本文件中的代码，十分便捷。可以使用这种方式来编写与系统维护或者管理任务相关的代

---

[1] 推荐使用 amm 或者 SBT 提供的 scalas 来运行 Scala 脚本。实际上，我们并不会经常使用 Scala 脚本。如果读者对 Scala 脚本感兴趣，可以在之后学习 Ammonite Script。——译者注

码,运行方式十分便捷,例如,可以在喜欢的 IDE 中运行这些代码,也可以直接使用命令行,还可以作为持续集成脚本链中的一部分。

即使在使用 scala 命令时没有显式调用编译器,代码也会经过严格的编译和类型检查。scala 工具将给定的脚本编译成内存中的字节码,然后执行它。

回想一下,在 Java 中,任何独立的程序都需要一个具有 static void main 方法的类。该规则也适用于 Scala 程序,因为它们都在 JVM 上运行。但是,Scala 并不强制我们实现 main() 方法。相反,将脚本转写成具有传统 main() 方法的 Main 类很麻烦。所以,当我们运行脚本时,我们实际上在运行这个自动合成的 Main 类的 JVM main() 方法实例。在文件名前使用 -savecompiled 选项[①],就可以看到在执行 scala 命令时生成的字节码,scala 命令会把这些字节码保存到一个 JAR 文件中。

现在,我们已经知道如何通过 scala 命令运行存储在文件中的 Scala 代码,接下来我们来看看如何不显式使用这个命令而是直接运行一个独立的脚本。

2.3　以独立脚本方式运行 Scala 代码

大多数操作系统都支持 shebang 语法[②]来运行任意脚本。我们可以使用这种方法运行含有 Scala 代码的独立文件。只要系统上安装了 Scala,采用这种方式无须显式调用 scala 命令并且无缝工作。

2.3.1　在类 Unix 系统上以独立脚本方式运行

在类 Unix 系统上,在脚本中设置 shebang 前缀如下。

FirstStep/hello.sh

```
#!/usr/bin/env scala
println("Hello " + args(0))
```

键入并运行 chmod + x hello.sh 以确保文件 hello.sh 具有可执行权限,然后在命令行上键入如下命令以运行:

```
./hello.sh Buddy
```

Buddy 是传递给脚本的参数。下面是运行结果:

```
Hello Buddy
```

---

① 简化选项为 -save。——译者注

② 在计算机科学中,shebang(也称为 hashbang)是一个由井号和叹号构成的字符序列 #!,其出现在文本文件第一行的前两个字符的位置。在文件中存在 shebang 的情况下,类 Unix 操作系统的程序载入器会分析 shebang 后的内容,将这些内容作为解释器指令,并调用该指令,并将载有 shebang 的文件路径作为该解释器的参数。——摘自维基百科

2.3.2　在 Windows 上以独立脚本方式运行

在 Windows 中经过配置可以做到在一个单独的 .scala 文件上双击运行的效果。为此，要在 Windows 资源管理器中双击扩展名为 .scala 的脚本文件。Windows 会反馈无法打开该文件，并要求你从已安装程序列表中选择一个程序。浏览 Scala 的安装位置，并选中 scala.bat。现在，就可以在 Windows 资源管理器中双击它来运行该程序，也可以在命令提示符中输入去掉 .scala 后缀后的文件名以运行该程序。

在 Windows 资源管理器中双击脚本时，会看到一个弹出窗口，它会显示执行结果，并迅速关闭。为了不让弹出窗口消失，可以指定执行这个文件的程序为一个运行 Scala 脚本并暂停的 .bat 文件。为此，可右键单击 Scala 脚本，选择"打开方式..."，然后浏览并选择指定 .bat 文件。

下面是一个例子。

FirstStep/RunScala.bat

```
echo off

cls
call scala %1
pause
```

双击 HelloWorld.scala，根据我们的设置，会自动运行 RunScala.bat 文件，将出现图 2-1 所示的输出。

到目前为止，我们已经研究了如何用命令行运行 Scala 程序，但也可以在 IDE 中运行 Scala 程序。

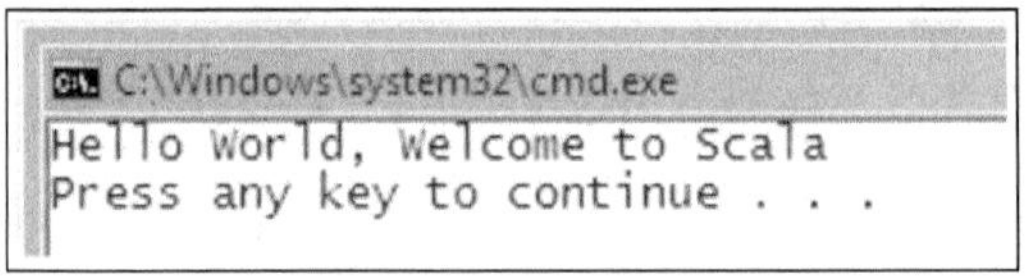

图 2-1

2.3.3　Scala 的 IDE 支持

Java 开发人员大量使用 IDE 来开发应用程序。主流 IDE——Eclipse、IntelliJ IDEA、NetBeans——都有辅助 Scala 开发的插件。它们提供了与 Java 编程环境类似的功能——语法高亮、代码补全、调试、合理缩进等。此外，我们可以在同一个项目中混合使用 Scala 和 Java 代码，并相互引用。

我们只需给自己最喜爱的 IDE 安装合适的插件即可。如果使用轻量级编辑器（如 Sublime Text 和 TextMate），也可以安装 Scala 相关的插件[①]。

到目前为止，我们已经以脚本方式运行了 Scala 代码，并且避免了显式编译。随着程序

---

① 新版本的 SBT 1.1.x 支持 LSP，为这些轻量级编辑器提供了很好的支持。——译者注

规模变大，例如，超过一个文件或者有多个类，就必须编译它们。我们来看看这些步骤。

2.4 编译 Scala

如果代码由多个文件组成，或者想发布字节码而不是源代码，就需要显式编译代码。下面讲一讲如何写一段 Scala 代码并用 scalac 编译器编译。在下面的例子中，我们在一个扩展了 App 特质（trait）且名为 Sample 的 object 中定义了一小段可执行代码——你很快就会了解到 Scala 的单例对象和特质。App 指示编译器生成必需的 main() 方法，以使 Sample 成为起始类。

FirstStep/Sample.scala

```
object Sample extends App {
  println("Hello Scala")
}
```

使用 scalac Sample.scala 命令编译这段代码，然后使用 scala 或 java 命令运行它。如果使用 scala 命令，要键入 scala Sample。如果使用 java 命令，则需要为 scala-library.jar 指定 classpath。下面是一个在我的 Mac 上试验过的例子，使用 scalac 工具编译后，首先用 scala 工具运行程序，然后用 java 工具运行程序：

```
> scalac Sample.scala
> scala Sample
Hello Scala
> java -classpath /opt/scala/current/lib/scala-library.jar:. Sample
Hello Scala
```

这里有一个小技巧：可以用 current 作为符号链接指向你的机器上 Scala 的安装位置。使用符号链接就可以不用设置 PATH 和 classpath，轻松切换 Scala 版本。只需要更改符号链接，就可以更改版本。你可以在自己的机器上创建一个类似的符号链接，也可以不用 current，用其他合适的目录名指向当前自己正在使用的 Scala 版本。

在 Windows 上，我们则需要将 classpath 设置为 scala-library.jar 文件的完整路径。

2.5 小结

在本章中，我们学会了运行 Scala 的命令——在 shell 中运行了一些示例代码，了解了如何运行独立脚本，并学习了如何编译 Scala 代码。我们已经准备好深入学习 Scala，在下一章中，我们将从熟悉的 Java 基础开始，逐渐切换到 Scala。

第3章

从 Java 到 Scala

你可以在使用 Scala 的同时运用自己的 Java 技能。在某些方面 Scala 与 Java 类似，但在许多其他方面又彼此不同。Scala 青睐纯面向对象，但它又尽可能将类型和 Java 的类型对应起来。Scala 在支持熟悉的命令式编程风格的同时，也支持函数式编程风格。因此，你可以使用最熟悉的风格立即开始编程，而不用承受陡峭的学习曲线。

在本章中，我们将从熟悉的基础开始，使用 Java 代码，然后转向 Scala。打开最喜欢的编辑器，让我们来编写一些 Scala 代码。

3.1 Scala：简洁的 Java

Java 代码中通常充斥着很多样板代码——getter、setter、访问修饰符、处理受检异常的代码等。这些样板还在不断增多，使代码不断膨胀。在后面我们会了解到，Scala 编译器做了一些额外的工作，这样就不用耗费精力编写并维护那些本可以生成的代码上了。

3.1.1 减少样板代码

Scala 具有非常高的代码密度——输入少量代码就可以完成许多功能。作为对比，我们来看一个 Java 代码的例子。

FromJavaToScala/Greetings.java

```java
// Java 代码
public class Greetings {
  public static void main(String[] args) {
    for(int i = 1; i < 4; i++) {
      System.out.print(i + ",");
    }
    System.out.println("Scala Rocks!!!");
```

```
  }
}
```

下面是输出：

```
1,2,3,Scala Rocks!!!
```

使用 Scala 可以省去这段代码中的不少东西。首先，它不关心是否使用分号；其次，在这个简单的例子中，把代码写在 Greetings 类中并没有实际的作用，所以可以摆脱这种做法；再次，不需要指定变量 i 的类型。Scala 很聪明，可以推断出变量 i 是一个整数；最后，可以使用 println 而不使用 System.out.前缀。下面是上述 Java 代码使用 Scala 简化后的代码。

FromJavaToScala/Greet.scala

```
for (i <- 1 to 3) {
  print(s"$i,")
}

println("Scala Rocks!!!")
```

要运行此脚本，可以在命令行中键入 scala Greet.scala，或者在 IDE 中运行。

看到的输出结果如下：

```
1,2,3,Scala Rocks!!!
```

我们不用+来拼接打印信息，而是用字符串插值（语法形如 s"...${expression}..."），这使代码更具表现力也更简洁。我们将在 3.7 节中讨论更多细节。

Scala 的循环结构非常轻巧。我们只需指定索引 i 的值从 1 循环到 3。箭头的左边（<-）定义了一个 val，右边是一个生成器表达式。每次迭代都会创建一个新的 val，并使用所生成的值中的元素相继对其进行初始化。

Scala 减少了样板代码，也提供了一些语法上的便利。

3.1.2 更多便利特性

在前面的代码中，我们使用了 val。我们可以使用 val 或 var 定义变量。使用 val 定义的变量是不可变的，即初始化后不能更改。然而，那些使用 var 定义（不推荐使用）的变量是可变的，可以被改任意次。

不可变性（immutability）是作用在变量上，而不是作用在变量所引用的实例上的。例如，如果我们编写了 val buffer = new StringBuffer()，就不能改变 buffer 的引用。但是，我们可以使用 StringBuffer 的方法（如 append()方法）来修改所引用的实例。故而，对于一个只有 val 引用的对象，不能假定它是完全不可变的。

另一方面，如果我们使用不可变类如 String 定义了一个变量，如 val str = "hello"，就既不能改变引用也不能改变引用所指向的实例的状态。

使用 val 定义所有的字段，并且只提供允许读但不允许更改实例状态的方法，就可以使一个类的实例不可变。

在 Scala 中，应尽可能多地使用 val，因为它可以提升不可变性，从而减少错误，也可以增益函数式风格。

在 Greet.scala 代码中，所生成的区间包括下界（1）和上界（3）。可以通过 until() 方法而不是 to() 方法来排除区间的上界。

FromJavaToScala/GreetExclusiveUpper.scala

```
for (i <- 1 until 3) {
  print(s"$i,")
}

println("Scala Rocks!!!")
```

运行上述代码后可以看到如下输出结果：

```
1,2,Scala Rocks!!!
```

to() 是一个方法，这一点很容易被忽略。to() 方法和 until() 方法实际上都是 RichInt 上的方法——我们将在 3.2 节中讨论富封装器（rich wrapper）。变量 i 的类型为 Int，被隐式转换为 RichInt，因此在这个变量上可以调用这个方法。这两个方法都返回 Range 的实例。因此，1 to 3 等价于 1.to(3)，但是前者更优雅。

在 Scala 中，如果方法没有参数，或者只有一个参数，就可以省略点号（.）和括号。如果一个方法带多个参数，则必须使用括号，但点号仍然是可选的。

我们已经看到了这种灵活性的好处：a + b 其实是 a.+(b)，而 1 to 3 其实是 1.to(3)。

可以利用这种轻量级的语法来创建阅读流畅的代码。例如，假定我们在一个类 Car 中定义了一个 turn() 方法：

```
def turn(direction: String) //...
```

我们就可以使用如下轻量级语法调用上面这个方法：

```
car turn "right"
```

通过删除点号和括号，我们减少了代码中的噪声。

在前面的例子中，当我们迭代循环时，似乎对变量 i 做了重新赋值。但是，变量 i 不是 var，而是 val。在每次循环过程中，我们都创建一个不同的名为 i 的 val 变量。我们不会在循环中不经意地改变变量 i 的值，因为变量 i 是不可变的。在这里我们已经悄悄地向函数式风格迈了一步，下面让我们更进一步。

3.1.3 转向函数式风格

我们也可以使用偏向函数式风格的 `foreach()` 方法来实现循环。

FromJavaToScala/GreetForEach.scala

```
(1 to 3).foreach(i => print(s"$i,"))

println("Scala Rocks!!!")
```

下面是输出结果：

```
1,2,3,Scala Rocks!!!
```

上面这个例子很简洁，且没有赋值操作。我们使用了 Range 类的 `foreach()` 方法。这个方法接受函数值作为参数。所以，在括号中，我们提供了一个接受一个参数的代码主体，在这个例子中参数为 i。=>符号将左侧的参数列表与右侧的实现分开。

Scala 能推断类型，而且完全面向对象，但是它并没有对原始类型做特殊处理。这样就可以使用和 Java 一致的方式处理所有数据类型；而且，Scala 是在没有损失性能的情况下做到了这一点的。

3.2 Java 原始类型对应的 Scala 类

Java 的世界观是分裂的——其原始类型（如 int 和 double）和对象截然不同。从 Java 5 开始，利用自动装箱（autoboxing）机制，可以将原始类型视为对象。然而，Java 的原始类型不允许方法调用，如 2.toString()。另外，自动装箱还涉及类型转换的开销，会带来一些负面的影响。

和 Java 不同，Scala 将所有的类型都视为对象。这就意味着，和调用对象上的方法一样，也可以在字面量上进行方法调用。在下面的代码中，我们创建了一个 Scala 中的 Int 的实例，并将它传给 java.util.ArrayList 的 ensureCapacity() 方法，其参数类型为 Java 的原始类型 int。

FromJavaToScala/ScalaInt.scala

```
class ScalaInt {
  def playWithInt(): Unit = {
    val capacity: Int = 10
    val list = new java.util.ArrayList[String]
    list.ensureCapacity(capacity)
  }
}
```

在这里，Scala 默默地将 `Scala.Int` 视为 Java 基本类型 `int`。这是纯粹的编译期转换，故而在运行时没有性能损失。你可以定义 `val capacity = 10`，然后让 Scala 进行类型推断，在这里，我们显式地指定了类型是为了演示与 Java 中 `int` 的兼容性。

在 `1.to(3)` 或者 `1 to 3` 中，需要用类似的"魔法"，以便可以在 `Int` 上调用 `to()` 方法。因为 `Int` 不能直接处理这种请求，所以 Scala 会自动应用 `intWrapper()` 方法将 `Int` 转换为 `scala.runtime.RichInt`，然后调用 `RichInt` 上的 `to()` 方法。我们将在 5.5 节中探讨隐式类型转换。

诸如 `RichInt`、`RichDouble` 和 `RichBoolean` 这些类，可称为富包装类（rich wrapper class）。它们为 Scala 中的 Java 原始类型和 `String` 提供了便于使用的方法[①]。

隐式转换和原始类型上的类型映射使 Scala 代码变得很简洁。这还只是一个开始——Scala 的元组和多重赋值能力还带来了更多细节上的改善。

3.3　元组和多重赋值

在 Java 中，方法可以接受多个参数，但是只能返回一个结果。在 Java 中返回多个结果需要使用拙劣的变通方案。例如，为了返回用户的姓、名和电子邮箱地址，我们不得不引入 `Person` 类，或者返回一个 `String` 数组或一个 `ArrayList`。Scala 的元组，与多重赋值（multiple assignment）结合，可以将返回多个值变成小菜一碟。

元组是一个不可变的对象序列，创建时使用逗号分隔。例如，`("Venkat", "Subramaniam", "venkats@agiledeveloper.com")` 表示一个 3 个对象的元组。

可以将元组中的多个元素同时赋值给多个 `val` 或者 `var`，如下所示：

```
FromJavaToScala/MultipleAssignment.scala
def getPersonInfo(primaryKey: Int) = {
  // 假定 primaryKey 是用来获取用户信息的主键
  // 这里响应体是固定的
  ("Venkat", "Subramaniam", "venkats@agiledeveloper.com")
}

val (firstName, lastName, emailAddress) = getPersonInfo(1)

println(s"First Name: $firstName")
println(s"Last Name: $lastName")
println(s"Email Address: $emailAddress")
```

---

① 这里指的是，我们在使用这些方法时，好像这些方法直接定义在了这些对象上一样，非常方便易用，实际上 Scala 通过隐式类型转换做到了这一点。同时，利用值类型，对性能几乎毫无影响。——译者注

下面是执行这段代码后的输出结果：

```
First Name: Venkat
Last Name: Subramaniam
Email Address: venkats@agiledeveloper.com
```

如果将这个方法的结果赋值给更少或者更多的变量，那么 Scala 将会发现这个问题并报错。Scala 会在对源代码的编译过程中报错，如果是通过脚本运行，则会在编译阶段报错。举例来说，在下面的代码中，如果我们将方法调用的结果赋值给比元组中数量更少的变量：

FromJavaToScala/MultipleAssignment2.scala

```
def getPersonInfo(primaryKey: Int): (String, String, String) = {
  ("Venkat", "Subramaniam", "venkats@agiledeveloper.com")
}

val (firstName, lastName) = getPersonInfo(1)
```

那么 Scala 将会报错，如下所示：

```
MultipleAssignment2.scala:5: error: constructor cannot be instantiated to
expected type;
 found   : (T1, T2)
 required: (String, String, String)
val (firstName, lastName) = getPersonInfo(1)
    ^
one error found
```

除了直接赋值，还可以直接访问元组中的单个元素。例如，如果运行 `val info = getPersonInfo(1)`，那么随后就可以采用 `info._1` 这种语法形式访问其中的第一个元素，第二个元素则是 `info._2`，以此类推。

下划线加数字这种模式，如 `_1`，表示我们在元组中想访问的元素的索引或位置。与集合不同，访问元组的索引是从 1 开始的。另一个和集合的差异点在于，如果指定的索引越界，则会在编译期而不是在运行时出错。

有些程序员会抱怨使用下划线来索引元组不太优雅，认为使用点号和下划线的组合笨拙且难以阅读。如果不喜欢下划线，那么有一种很简单的处理方法——克服这种偏见。

元组不仅可以用于多重赋值。在并发编程时，Actor 之间也将元组以数据值列表的形式作为消息进行传递，而且元组的不可变性正好契合这种场景。简洁的语法使消息发送端的代码保持简洁。在消息接收端，我们可以使用模式匹配来简洁地接收和处理消息，具体参见 9.1.3 节。

方法和函数能够返回多重值这个特性非常方便，除此之外，Scala 也对参数值的传递做了一些额外的支持。

3.4　灵活的参数和参数值

参数的定义和参数值的传递在任何编程语言中都是最常见的编程任务。Scala 提供了一些便利的特性来定义变长参数、声明参数的默认值以及定义命名参数。

3.4.1　传递变长参数值

`println()`这样的方法可接受变长参数值。可以传递零个、一个或者多个参数值给这样的方法。在 Scala 中，你可以方便地创建接受变长参数值的函数。

我们可以设计接受变长参数值的方法。但是，如果我们有多个参数，那么只有最后一个参数可以接受变长参数值。我们可以在最后一个参数类型后面加上星号，以表明该参数（parameter）可以接受可变长度的参数值（argument）。下面以函数 `max()` 为例。

FromJavaToScala/Parameters.scala
```scala
def max(values: Int*) = values.foldLeft(values(0)) { Math.max }①
```

调用 `max()` 函数的示例如下所示。

FromJavaToScala/Parameters.scala
```scala
max(8, 2, 3)
```

在上面的例子中，我们只给函数传递了 3 个参数值，我们也可以传递更多参数值。下面看一个例子。

FromJavaToScala/Parameters.scala
```scala
max(2, 5, 3, 7, 1, 6)
```

当参数的类型使用一个尾随的星号声明时，Scala 会将参数定义成该类型的数组。让我们用下面的例子来进行验证。

FromJavaToScala/ArgType.scala
```scala
def function(input: Int*): Unit = println(input.getClass)

function(1, 2, 3)
```

运行这段代码，得到的参数类型如下：

```scala
class scala.collection.mutable.WrappedArray$ofInt
```

---

① 这段代码实际上没有处理参数个数为 0 的情况，在调用 `max()` 时，实际上对 `values(0)` 的访问会导致 `java.lang.IndexOutOfBoundsException`。——译者注

可以用任意数量的参数调用 max() 函数。因为参数类型是数组，所以我们可以使用迭代器来处理接收到的参数的集合。将数组而非离散值作为参数值传入好像很吸引人，但是并不能这样做。例如，下面这个例子：

```
val numbers = Array(2, 5, 3, 7, 1, 6)
max(numbers) // 类型匹配错误
```

上面的代码将会产生如下编译错误：

```
CantSendArray.scala:5: error: type mismatch;
 found    : Array[Int]
 required: Int
max(numbers) // 类型匹配错误
      ^
one error found
```

类型不兼容是导致这个错误的主要原因。这个参数很像数组，但不是字面上的数组类型，而参数值现在是一个数组。然而，如果我们有一组值，那么我们更希望直接传递数组。我们可以使用数组展开标记（array explode notation），像这样：

```
val numbers = Array(2, 5, 3, 7, 1, 6)
max(numbers: _*)
```

参数名后面的一系列符号告诉编译器将数组展开成所需的形式，以传送变长参数值。

现在我们已经知道了如何将变长参数值传递给方法，接下来让我们来看一下另外一个非常棒的功能——参数默认值。

3.4.2 为参数提供默认值

使用 Scala，在调用方法或者构造器时，可以很方便地省去最常用的或者说合理的默认值。

在实际工作中，如果我们假定头等邮资（first-class postage）是最常见的邮资选项，那么我们可以这样对邮局的工作人员说"请寄一下这封信"，而不是这样"请使用头等邮资寄一下这封信"。如果请求寄信的时候没有提到邮资，那么工作人员就会默认是头等邮资。

在 Java 中，我们可以用重载方法的方式省略一个或者多个参数，以达到灵活的效果。从调用者的角度看，这样已经能够很好地工作了，但是重载需要更多的精力和代码，而且会导致代码重复，因此，这样做很容易出错。而在 Scala 中，可以很容易使用参数默认值避免这些问题。

下面是一个使用参数默认值的例子。

FromJavaToScala/DefaultValues.scala
```
def mail(destination: String = "head office", mailClass: String = "first"): Unit =
  println(s"sending to $destination by $mailClass class")
```

mail() 方法的两个参数都有默认值。如果一个参数在调用中省去，那么它的默认值就会起作用。

下面是调用 mail() 方法的几个样例。

FromJavaToScala/DefaultValues.scala
```
mail("Houston office", "Priority")
mail("Boston office")
mail()
```

在第一次调用中，我们给所有参数都提供了参数值。在第二次调用中，我们省去了第二个参数，然后在第三次调用中，忽略了所有的参数。从输出结果中我们可以看到，编译器已经为省去的参数补上了默认值：

```
sending to Houston office by Priority class
sending to Boston office by first class
sending to head office by first class
```

为省略的参数补上默认值这个操作是在编译时完成的。不过在重载方法的时候，需要特别小心。如果一个方法在基类中用了一个默认值，而在其派生类的相应重载方法中却使用了另一个默认值，就会让人感到困惑，到底选用哪个默认值。

对于多参数的方法，如果对于其中一个参数，你选择使用它的默认值，你就不得不让这个参数后面的所有参数都使用默认值。例如，在上面的例子中，不能使用参数 destination 的默认值，并对参数 mailClass 进行显式传值。这种限制的原因在于，被省去的参数所使用的默认值是由参数的位置决定的。接下来我们可以看到，如何利用 Scala 提供的另一项灵活特性打破这一限制。

3.4.3　使用命名参数

Scala 的类型检查能够防止向方法传入错误类型的参数值。然而，对于接受多个参数且类型相同的方法，传递参数值的时候容易让人丈二和尚摸不着头脑。例如，pow(2, 3) 中的 2 到底是幂还是基数？

所幸的是，在这种情况下，我们可以通过对参数命名的方式使代码流畅而富于表现力，例如，前面的例子中的调用可以改写为 power(base = 2, exponent = 3)。

让我们使用命名参数来改写 3.4.2 节中的 mail() 方法。

FromJavaToScala/Named.scala
```
mail(mailClass = "Priority", destination = "Bahamas office")
```

在调用方法时，我们用目标参数的名字显式指定了参数的值。用了命名参数，就可以不用管参数的顺序了。为了说明这一点，在上一个例子中，我们先给 mail() 方法的第二个参数赋值。

使用命名参数时，必须注意以下几点。

- 对于所有没有默认值的参数，必须要提供参数的值。
- 对于那些有默认值的参数，可以选择性地使用命名参数传值。
- 一个参数最多只能传值一次。
- 在重载基类的方法时，应该保持参数名字的一致性。如果不这样做，编译器就会优先使用基类中的参数名，就可能会违背最初的目的。
- 如果有多个重载的方法，它们的参数名一样，但是参数类型不同，那么函数调用就很有可能产生歧义。在这种情况下，编译器会严格报错，就不得不切换回基于位置的参数形式。

需要注意的是，以上几点并没有强调参数的顺序。对于有默认值的多参数方法，只要传递参数值时指定名称，那么（在省略某个参数后）接下来的参数都必须使用默认值的限制就不存在了。例如，我们可以这样写：

```
mail(mailClass = "Priority")
```

调用 mail() 函数的时候，因为我们已经指定了 mailClass 参数的值，编译器会要求 destination 参数有默认值。然而，正如前面的代码指出的，我们可以通过给参数命名的方式越过这种限制。因此，混用默认值和命名参数的方式要比使用默认值和位置参数的方式更加灵活。

3.5 隐式参数

在 3.4.2 节中，我们已经学习了参数的默认值——如果没有给某个参数传递值，那么 Scala 将会传递一个默认值。这很好，因为这样我们就不用给那些直观明显或者可以推断出默认值的参数赋值了。但是默认值是由函数的创建者决定的，而不是由调用者决定。Scala 还提供另外一种赋默认值的方法，可以由调用者来决定所传递的默认值，而不是由函数的定义者来决定。

我们来看一个利用隐式参数的例子。我们随身携带着各种智能手机和移动设备，它们总是需要连接不同的网络：家庭网络、办公网络、机场候机厅的公共网络等。我们的操作是相同的——连接到一个网络，但是我们所连接的网络依赖于我们所处的环境。我们不想每一次都去指定网络，这很无聊。与此同时，我们也不希望每一次都是同一个默认值生效。这时，我们可以用一个名为隐式参数的特殊参数来解决这个问题。

函数的定义者首先需要把参数标记为 implicit。针对这种场景，Scala 要求我们把隐式参数放在一个单独的参数列表而非常规的参数列表中（6.4 节将详细介绍 Scala 支持多参数列表）。如果一个参数被定义为 implicit，那么就像有默认值的参数，该参数的值传递是可选的。然而，如果没有传值，Scala 会在调用的作用域中寻找一个隐式变量。这个隐式变量必须和相应的隐式参数具有相同的类型，因此，在一个作用域中每一种类型都最多只能有一个隐式变量。

让我们创建一个使用了这种特性的例子。

FromJavaToScala/ImplicitParameters.scala

```scala
class Wifi(name: String) {
  override def toString: String = name
}

def connectToNetwork(user: String)(implicit wifi: Wifi): Unit = {
  println(s"User: $user connected to WIFI $wifi")
}

def atOffice(): Unit = {
  println("--- at the office ---")
  implicit def officeNetwork: Wifi = new Wifi("office-network")
  val cafeteriaNetwork = new Wifi("cafe-connect")

  connectToNetwork("guest")(cafeteriaNetwork)
  connectToNetwork("Jill Coder")
  connectToNetwork("Joe Hacker")
}

def atJoesHome(): Unit = {
  println("--- at Joe's home ---")
  implicit def homeNetwork: Wifi = new Wifi("home-network")

  connectToNetwork("guest")(homeNetwork)
  connectToNetwork("Joe Hacker")
}

atOffice()
atJoesHome()
```

connectToNetwork() 函数拥有两个参数列表，一个是类型为 String 的常规参数，另一个是类型为 Wifi 的隐式参数。

在 atOffice() 函数中，我们定义了 Wifi 类的两个实例，并将其中一个标记为 implicit。我们调用了 connectToNetwork() 方法 3 次，但只在第一次调用时为参数 wifi 提供了值。其他两次调用编译器都会自动填入参数的值。如果参数有一个默认值，那么编译器会在函数的定义中寻找该值。然而，因为这里的参数 wifi 是隐式参数，所以编译器会在这个函数调用的作用域中寻找定义为 implicit 的值。

在 atJoesHome() 函数中，我们只定义了一个 Wifi 实例，并标记为 implicit。给

`connectToNetwork()`方法传递参数是可选的。例如，客人可能想要知道自己连接到了哪个网络，但是这个网络很有可能就是常驻者日常隐式使用的[1]。在这种情况下，显式指定一个隐式定义的参数是正确的。

如果定义了一个隐式参数，那么调用者应该传递一个参数值给它，或者在作用域中已经有一个隐式参数的情况下就可以省去；否则编译器就会报错。

运行这段脚本可以观察到如下输出：

```
--- at the office ---
User: guest connected to WIFI cafe-connect
User: Jill Coder connected to WIFI office-network
User: Joe Hacker connected to WIFI office-network
--- at Joe's home ---
User: guest connected to WIFI home-network
User: Joe Hacker connected to WIFI home-network
```

输出结果表明，在省略参数值时，相应作用域中的隐式变量就会被使用。尽管在不同的函数中调用的是同一个函数，但是所传入的被省去的参数却不是同一个。虽然参数默认值和隐式参数都可以让调用者省去参数，但是编译器绑定到参数的值却完全不同。

3.6 字符串和多行原始字符串

Scala 中的字符串就是 `java.lang.String`。可以用 Java 的方式使用 `String`。然而，Scala 对字符串的处理提供了一些额外的便利。

Scala 能够自动将 `String` 转化为 `scala.runtime.RichString`。这种转换给 `String` 新增了一些有用的方法，如 `capitalize()`、`lines()`和 `reverse()`方法。

在 Scala 中创建一个跨行的字符串非常简单，完全不需要用乱七八糟的+=，只要将多行的字符串放在一对 3 个双引号之中（`"""..."""`）就可以了。这是 Scala 对所谓的 here 文档[2]（或 heredoc）的支持。我们创建一个跨行的字符串来举例说明。

FromJavaToScala/MultiLine.scala

```
val str = """In his famous inaugural speech, John F. Kennedy said
        "And so, my fellow Americans: ask not what your country can do
        for you-ask what you can do for your country." He then proceeded
        to speak to the citizens of the World..."""
println(str)
```

---

[1] 这里指隐藏了无线网络的 SSID。——译者注

[2] here 文档又称为 heredoc、hereis、here 字串或 here 脚本，是一种在命令行 shell 和编程语言里定义一个字符串的方法。它可以保存文字里面的换行或是缩排等空白字符。一些编程语言允许在字串里执行变量替换和命令替换。——摘自维基百科

输出结果如下：

```
In his famous inaugural speech, John F. Kennedy said
        "And so, my fellow Americans: ask not what your country can do
        for you-ask what you can do for your country." He then proceeded
        to speak to the citizens of the World...
```

在上面的例子中，我们看到可以在多行的字符串中嵌入双引号。Scala 将 3 个双引号中间的内容保持原样，在 Scala 中这种字符串被称为原始字符串。实际上，Scala 是逐字处理字符串的，代码中的缩进也会被带入结果字符串中。我们可以使用 RichString 中的 stripMargin()方法去除起始的空格，像这样。

FromJavaToScala/MultiLine2.scala

```
val str = """In his famous inaugural speech, John F. Kennedy said
        |"And so, my fellow Americans: ask not what your country can do
        |for you-ask what you can do for your country." He then proceeded
        |to speak to the citizens of the World...""".stripMargin
println(str)
```

stripMargin()方法将起始的管道符号（|）前面的空白或者控制字符都去掉了。在不是任何行的起始位置以外的其他位置，管道符号将会被保留。如果因为某些原因在一个应用程序中不能用管道符号，可以用 stripMargin()方法接收另外一个指定的标记符。下面是前面这段代码的输出：

```
In his famous inaugural speech, John F. Kennedy said
"And so, my fellow Americans: ask not what your country can do
for you-ask what you can do for your country." He then proceeded
to speak to the citizens of the World...
```

在创建正则表达式的时候，原始字符串十分有用。例如，"""\d2:\d2"""就比"\\d2:\\d2"更容易输入和阅读。

heredoc 对创建多行字符串非常有用，但我们在使用创建的字符串时，如 println()，还经常需要拼接字符串。我们可以利用字符串插值规避那种杂乱无章的字符串拼接。

3.7　字符串插值

在 Java 中以输出或者消息的形式创建一个字符串非常混乱。例如，要创建一条这样的消息"A discount of 10% has been applied"，其中的数值 10 来自一个名为 discount 的变量，就十分费力。我们可以这样写：

```
String message = "A discount of " + discount + "% has been applied";
```

除了麻烦之外，代码还不易阅读。还可以这样写：

```
String message = String.format("A discount of %d% has been applied", discount);
```

但这同样烦琐。Scala 提供了简洁而流畅的语法，使用表达式来创建字符串字面量。下面是在 Scala 中用于创建所需要的消息的等价方式：

```
val message = s"A discount of $discount% has been applied"
```

在双引号前面的 s 的意思是 s 插值器（s-interpolator），它会找到字符串中的表达式，并将其替换成对应的值。在字符串声明处的作用域中的任何变量都可以在表达式中使用。

字符串字面量中可以有零个或者多个内嵌表达式。如果表达式是最简单的一个变量，那么在它的前面加上美元符号（$）。而对于更复杂的表达式，可以把它们放在大括号中，如下例所示：

```
var price = 90
val totalPrice = s"The amount of discount is ${price * discount / 100} dollars"
```

美元符号被用作表达式的分隔符，如果说字符串中正好有一个$符号，那么其还可以被用作转义符。为了演示这种用法，我们来看下面这个例子，其重写了前面的消息：

```
val totalPrice = s"The amount of discount is $$${price * discount / 100}"
```

在前面的例子中，变量 price 是不可变的。你可能会好奇这个变量如果可变，会产生什么样的结果。让我们深入挖掘一下。

```
val discount = 10
var price = 100
val totalPrice =
  s"The amount after discount is $$${price * (1 - discount / 100.0)}"
println(totalPrice)

price = 50
println(totalPrice)
```

我们在字符串插值之后更改了 price 的值。表达式的值会在插值的时候被捕获，变量的任何更改都不会影响或者改变字符串，正如我们在输出结果中看到的：

```
The amount after discount is $90.0
The amount after discount is $90.0
```

处理可变变量和字符串插值的时候要特别小心。我们可以通过避免使用可变变量，也可以在变量更改之后重新创建插值字符串，进而避免这种混乱。

s 插值器只是用值去替换表达式，而不做任何格式处理。例如，我们可以在 Scala 的 REPL 中键入以下代码并观察行为：

```
val product = "ticket"
val price = 25.12
val discount = 10
println(s"On $product $discount% saves $$${price * discount / 100.00}")
```

表达式正确求值了，但是输出结果中小数点后有 3 位小数：

```
On ticket 10% saves $2.512
```

为了对输出做格式化，而不只是插值，可以使用 f 插值器（f-interpolator）。字符串的格式化和 Java 中 printf 函数遵循相同的规则，只是还可以和前面的例子一样嵌入表达式。我们用格式化的方式改一下前面的字符串：

```
println(f"On $product $discount%% saves $$${price * discount/100.00}%2.2f")
```

我们在最后的表达式后面带上格式 2.2f，以控制输出到小数点后面两位。而且，我们必须用一个额外的 % 转义已有的那个百分号。我们没有在 product 或者 discount 变量后放置任何格式相关的符号，尽管我们本可以放相应的 %s 和 %d。如果没有指定格式，那么 f 插值器将会假定格式是 %s，也就是说直接转化为字符串，这对于手头的字符串来说是非常好的默认行为，正如我们在输出结果中可以看到的：

```
On ticket 10% saves $2.51
```

Scala 还有一个 raw 插值器（raw-interpolator），它会把其中的表达式换成值，但是会保留任何不可打印的字符，如换行符。除了这 3 个内置的插值器，你还可以创建自定义的插值器，但是这样做的前提是你必须了解隐式类（implicit class），我们会在 5.5.2 节中回顾这个话题。

字符串插值是 Scala 简化代码的又一种方式。Scala 还有很多能够简化代码的地方。下面我们就来看一下如何利用合理的默认值减少代码和混乱。

3.8 合理的约定

Scala 中有一些约定，可以让代码简洁且易于阅读、编写。下面是这些特性的示例。

- 支持脚本。不是所有的代码都需要放在一个类中。如果一个脚本就能满足需求，就直接将可执行的代码放在一个文件中，没有必要都堆在一个类中。
- return 是可选的。假定最后一个求值的表达式能够匹配方法所声明的返回类型，那么这个表达式的求值结果将会自动作为方法调用的结果值返回。无须加入显式的 return 语句可以简化代码，尤其是在将一个闭包传递为方法参数时。
- 分号是可选的。不需要使用分号来标识每一个语句或者表达式的结束（参见 3.10.3 节）这个特性能够去除代码中的噪声。如果要多个语句放在同一行上面，可以使用分号来分隔。没有分号，Scala 也能智能地推断出一个语句或者表达式是否是完整的，如果不是，那么 Scala 将会接着在下一行读取剩余的代码。
- 类和方法默认就是公开的，所以你无须显式使用 public 关键字。
- Scala 提供轻便的语法以创建 JavaBeans——它用很少的代码就能创建变量和不可变的属性（参见 4.1.2 节）。
- 对于我们不关心的那些异常，Scala 不会强制要求进行捕获（参见 10.1 节），这样做

能够缩减代码体积，同时也能够避免不合理的异常处理。

- 括号和点号也是可选的，我们在 3.1.2 节讨论过。

除此之外，Scala 默认会导入两个包、`scala.Predef` 对象以及它们相应的类和成员。只用类名就可以从这些预导入的包中引用相应的类。Scala 按照顺序导入下面的包和类：

- `java.lang`
- `scala`
- `scala.Predef`

因为 `java.lang` 已经自动导入，所以无须额外的导入就可以在脚本中使用通用的 Java 类型。例如，可以使用 `String`，而且不用在前面加上包名 `java.lang` 作前缀或者导入它。

也可以直接使用 Scala 的类型，因为 `scala` 包中的一切都已经导入。

`Predef` 对象中包含了类型、隐式转换以及在 Scala 中常用的一些方法。所以，既然已经默认导入，那么无须任何前缀或者导入，就可以直接使用那些方法和隐式转换。它们太方便了，以至于你开始相信它们是 Scala 的一部分，实际上它们是 Scala 标准库的一部分。

`Predef` 对象还提供了一些类型的别名，如 `scala.collection.immutable.Set` 和 `scala.collection.immutable.Map`。因此，当使用 `Set` 或者 `Map` 的时候，实际使用的是 `Predef` 中对它们的定义，它们分别指向它们在 `scala.collection.immutable` 包中的定义。

Scala 中合理的约定能够简化代码。下面我们看一下操作符的内部机制和一些默认行为。

3.9　操作符重载

技术上说，Scala 没有操作符，所以操作符重载的意思就是重载诸如+、-等符号。在 Scala 中，这些都是方法名。操作符利用了 Scala 宽松的方法调用语法——Scala 不强制在对象引用和方法名中间使用点号（`.`）。

这两个特性结合在一起就给人一种操作符重载的幻觉。因此，当调用 `ref1 + ref2`，实际上写的是 `ref1.+(ref2)`，是在 `ref1` 上面调用+()方法。

我们来看看下面这个例子，它在一个表示复数的 `Complex` 类上提供了+操作符。我们知道，复数有实部和虚部，它们在涉及负数的平方根的复杂方程式求解中非常有用。下面是 `Complex` 类。

FromJavaToScala/Complex.scala
```
class Complex(val real: Int, val imaginary: Int) {
```

```
  def +(operand: Complex): Complex = {
    new Complex(real + operand.real, imaginary + operand.imaginary)
  }

  override def toString: String = {
    val sign = if (imaginary < 0) "" else "+"
    s"$real$sign${imaginary}i"
  }
}

val c1 = new Complex(1, 2)
val c2 = new Complex(2, -3)
val sum = c1 + c2
println(s"($c1) + ($c2) = $sum")
```

如果执行上面的代码，我们会看到如下输出结果：

```
(1+2i) + (2-3i) = 3-1i
```

在第一个语句中，我们创建了一个名为 Complex 的类，定义了一个接收两个参数的构造器。我们使用了 Scala 富有表现力的语法创建了一个类，具体细节我们将会在 4.1.2 节中进行深入探讨。

在+方法中，我们创建了一个新的 Complex 类的实例。结果的实部是两个操作数的实部的和，结果的虚部是两个虚部的和。在 c1 上调用+() 方法即得到了表达式 c1 + c2 的结果，方法的参数是 c2，也就是 c1.+(c2)。

Scala 没有操作符这个事实非常有趣。然而，没有操作符并不能免去处理操作符优先级的需要。虽然看起来 Scala 中没有操作符，所以无法定义操作符的优先级，恐怕不是这样——像 24 - 2 + 3 * 6 这样的表达式在 Java 和 Scala 中都能够正确求值为 40。Scala 没有在操作符上定义优先级，但是它在方法上定义了优先级。

方法的第一个字符用来决定它们的优先级。如果在一个表达式中两个字符的优先级相同，那么在左边的方法优先级更高。下面是第一个字母的优先级从低到高的列表：

```
所有字符
|
^
&
< >
= !
:
+ -
* / %
所有其他的特殊字符
```

我们来看一个操作符或者说方法的优先级的例子。在下面的代码中，我们在 Complex

中定义了加方法和乘方法。

FromJavaToScala/Complex2.scala

```scala
class Complex(val real: Int, val imaginary: Int) {
  def +(operand: Complex): Complex = {
    println("Calling +")
    new Complex(real + operand.real, imaginary + operand.imaginary)
  }

  def *(operand: Complex): Complex = {
    println("Calling *")
    new Complex(
      real * operand.real - imaginary * operand.imaginary,
      real * operand.imaginary + imaginary * operand.real)
  }
  override def toString: String = {
    val sign = if (imaginary < 0) "" else "+"
    s"$real$sign${imaginary}i"
  }
}

val c1 = new Complex(1, 4)
val c2 = new Complex(2, -3)
val c3 = new Complex(2, 2)
println(c1 + c2 * c3)
```

我们在输出结果中看一下操作符重载的效果：

```
Calling *
Calling +
11+2i
```

在最后一行中，我们先在左边调用+()，然后调用*()，但是因为*()优先级更高，所以它会先执行。

从 Java 工程师的角度，我们已经看到了 Scala 代码的简洁和表现力。然而，Scala 还藏着一些"惊喜"。早一点了解，将有助于处理其中的细微差别。我们接下来就看一下这些"惊喜"。

3.10 Scala 与 Java 的差异

在你开始感受到 Scala 设计上的优雅和简洁时，你也应该注意到一些细微差别。例如，在处理赋值、等价性检查、函数返回值的时候，Scala 和 Java 有语义上的不同。因为这些特性的处理与我们在 Java 中已经习惯的方式有显著的不同，很容易犯错。请花一点时间了解它们以避免各种"惊喜"。

3.10.1　赋值的结果

在 Java 中，赋值操作（像 a = b）的值就是 a 的值，因此像 x = a = b 这样的多重赋值就可以出现，但是在 Scala 中不能这样做。在 Scala 中赋值操作的结果值是一个 Unit——大概等价于一个 Void。从结果上讲，将这种值赋值给另外一个变量有可能造成类型不匹配。看一看下面这个例子。

FromJavaToScala/SerialAssignments.scala

```
var a = 1
var b = 2
a = b = 3 // 编译错误
```

当我们试着执行前面的代码时，就会得到如下编译错误：

```
SerialAssignments.scala:4: error: type mismatch;
 found    : Unit
 required: Int
a = b = 3   //编译错误
      ^
one error found
```

这种表现行为至少有那么一点儿恼人。

3.10.2　Scala 的==

Java 的==对原始类型和对象有着不同的含义。对于基本类型，==意味着基于值的比较，而对于对象，它意味着基于个体身份（即引用）的比较。所以，如果 a 和 b 都是 int，那么若两个变量的值相等，a==b 就是 true。但是，如果它们都是对象的引用，a==b 为 true 当且仅当两个引用指向同一个实例，也就是说，两者是同一个身份。Java 的 equals() 方法提供了对象间基于值的比较，前提是相应的类对它做了正确的重载。

Scala 对==的处理和 Java 不同，它对所有类型都是一致的。在 Scala 中，==表示基于值的比较，而不论类型是什么。这是在类 Any（Scala 中所有类型都衍生自 Any）中实现了 final 的==()方法保证的。这一实现使用了旧有的 equals() 方法。

你必须重载 equals() 方法，以提供你自己对一个类等价性的实现。然而，做比说难很多。在继承层级结构中，要正确实现 eqauls() 方法不仅仅需要重载 equals() 方法以比较相关的字段，还需要重载 hashCode() 方法，Joshua Bloch 的 *Effective Java* [Blo08]一书对此有所讨论。

对于基于值的比较，在 Scala 中，可以使用简洁的==而不是 equals() 方法。如果要对引用做基于身份①的比较，那么可以使用 Scala 中的 eq() 方法。我们来看一个使用了这两种

---

① 即比较引用是否指向同一个对象。——译者注

比较方法的例子。

```
FromJavaToScala/Equality.scala
val str1 = "hello"
val str2 = "hello"
val str3 = new String("hello")

println(str1 == str2) // 等价于 Java 的 str1.equals(str2)
println(str1 eq str2) // 等价于 Java 的 str1 == str2
println(str1 == str3)
println(str1 eq str3)
```

str1 和 str2 都指向同一个 String 实例，因为 Java 不会为第二个字符串字面量 "hello"创建新的对象。然而，str3 指向另一个新建的 String 实例。这 3 个引用指向的对象所拥有的值是相等的，都是"hello"。因为 str1 和 str2 就是同一个对象（即引用相等），所以它们的值也相等。然而，str1 和 str3 只是在值上相等，并不指向同一个对象。下面的输出结果展示了上面的代码中使用==和 eq 方法或操作符的语义：

```
true
true
true
false
```

Scala 对==的处理对于所有类型的行为都是一致的，避免了在 Java 中使用==的语义混乱。但是，你必须注意到这和 Java 中的语义相差很大，以避免可能的失误。

3.10.3　可有可无的分号

在涉及语句或者表达式的终止时，Scala 很厚道——分号（;）是可选的，这就能够减少代码中的噪声。我们可以在语句或者表达式的末尾放置一个分号，特别是，如果想要在同一行上放置多个语句或者表达式的话，但一定要小心。在同一行上写多个语句或者表达式可能会降低代码的可读性，就像下面这个例子：

```
val sample = new Sample; println(sample)
```

如果一行的末尾没有以一个中缀标记[①]（如+、*、.）结尾，且不在括号或者方括号中，那么 Scala 会自动补上分号。如果下一行的起始处能够开始一个语句或者表达式，那么这一行的末尾也会自动补上分号。

然而，Scala 在某些上下文中要求在 { 前有一个分号。如果没有写分号，那么最终效果可能会让人吃惊。让我们来看一个例子。

---

① 中缀表示法（或者中缀记法）是一种通用的算术或逻辑公式表示方法，操作符是以中缀形式处于操作数的中间的（如 3＋4）。——摘自维基百科

FromJavaToScala/OptionalSemicolon.scala

```scala
val list1 = new java.util.ArrayList[Int];
{
  println("Created list1")
}

val list2 = new java.util.ArrayList[Int] {
  println("Created list2")
}

println(list1.getClass)
println(list2.getClass)
```

输出结果如下：

```
Created list1
Created list2
class java.util.ArrayList
class Main$$anon$2$$anon$1
```

我们在定义 list1 的时候放置了一个分号，因此，紧随其后的 { 开启了一个新的代码块。然而，因为我们在定义 list2 的时候没有写分号，所以 Scala 会假定我们是在创建一个继承自 ArrayList[Int] 的匿名内部类。因此，list2 指向一个匿名内部类的实例，而不是 ArrayList[Int] 的一个实例。因此，如果是想在创建一个实例之后新建一个代码块，就要写上分号。

Java 强制写分号，但是 Scala 给了是否使用分号的自由——要用好这个特性。没有那些分号，代码会变得简洁且噪声更少。不使用分号，就能开始享受 Scala 优雅而轻量的语法。像前面所提到的例子那样，必须使用分号以避免潜在的歧义时要保留分号。

3.10.4 避免显式 return

在 Java 中，我们使用 return 语句从方法返回结果，而这在 Scala 中却不是一个好的实践。return 语句在 Scala 中是隐式的，显式地放置一个 return 命令会影响 Scala 推断返回类型的能力。看一个例子。

FromJavaToScala/AvoidExplicitReturn.scala

```scala
def check1 = true
def check2: Boolean = return true
def check3: Boolean = true
println(check1)
println(check2)
println(check3)
```

在前面的代码中，Scala 非常愉快地推断出了 check1() 方法的返回类型。但是，因为我们在方法 check2()中使用了一个显式的 return，所以 Scala 没有推断出类型。在这种情况下，我们就必须提供返回类型 Boolean。

即使你选择提供返回类型，也最好避免显式的 return 命令，check3()方法就是一个很好的示范——代码不嘈杂，然后你就会习惯 Scala 中的惯例——最后一个表达式的结果将会自动被返回。

Scala 在封装这个领域也有一些惊喜——它对访问的边界做了细粒度的控制，远胜于 Java 中提供的功能。

3.11 默认访问修饰符

Scala 的访问修饰符（access modifier）和 Java 有如下不同点。

- 如果不指定任何访问修饰符，那么 Java 会默认为包内部可见，而 Scala 则默认为公开。
- Java 主张全有或全无，也就是说，对当前包的所有类可见或者对所有都不可见。而 Scala 对可见性的控制是细粒度的。
- Java 的 protected 是宽泛的，其作用域包括在任意包中的派生类和当前包中的任意类，而 Scala 的 protected 与 C++和 C#的类似，只有派生类能够访问。然而，在 Scala 中 protected 还有相当自由和灵活的用法。
- Java 的封装是类级别的。可以在一个类的实例方法中访问该类的任何实例的所有私有字段和方法，在 Scala 中也一样，不过，在 Scala 中也可以进行定制，让其只能在当前的实例方法中访问，这样就和 Ruby 比较像了。

让我们通过一些例子来体会和 Java 的这些不同之处。

3.11.1 定制访问修饰

在不使用任何访问修饰符的情况下，Scala 默认认为类、字段和方法都是公开的。如果想将一个成员标记为 private 或者 protected，只要像下面这样用相应的关键字标记即可。

FromJavaToScala/Access.scala
```scala
class Microwave {
  def start(): Unit = println("started")
  def stop(): Unit = println("stopped")
  private def turnTable(): Unit = println("turning table")
}
val microwave = new Microwave
microwave.start() // 编译正确
```

这段代码中，start()和 stop()方法默认都是公开的，我们可以在 Microwave 类的任意实例中访问这两个方法。另外，我们将 `turnTable()` 方法显式定义为 `private`，因此我们无法在这个类外面访问这个方法。如果我们像前面的例子那样尝试，就会得到如下错误：

```
Access.scala:9: error: method turnTable in class Microwave cannot be
accessed in this.Microwave
microwave.turnTable() // 编译错误
                   ^
one error found
```

对于公开的字段和方法，可省略访问修饰符。而对于其他成员，要显式指定访问修饰符，以达到期望的访问控制效果。

3.11.2　Scala 的 `protected`

在 Scala 中，`protected` 让所修饰的成员仅对自己和派生类可见。对于其他类来说，即使正好和所定义这个类处于同一个包中，也无法访问这些成员。更进一步，派生类在访问 `protected` 成员的时候，成员的类型也需要一致。让我们用下面的例子做检验。

FromJavaToScala/Protected.scala

```
class Vehicle {
  protected def checkEngine() {}
}

class Car extends Vehicle {
  def start() { checkEngine() /* 编译正确 */ }
  def tow(car: Car) {
    car.checkEngine() // 编译正确
  }
  def tow(vehicle: Vehicle) {
    vehicle.checkEngine() // 编译错误
  }
}

class GasStation {
  def fillGas(vehicle: Vehicle) {
    vehicle.checkEngine() // 编译错误
  }
}
```

通过编译这段代码我们可以看到，在编译器的错误消息中，这些访问控制已经生效：

```
Protected.scala:12: error: method checkEngine in class Vehicle cannot be
accessed in automobiles.Vehicle
 Access to protected method checkEngine not permitted because
 prefix type automobiles.Vehicle does not conform to
 class Car in package automobiles where the access take place
    vehicle.checkEngine() // 编译错误
            ^
```

```
Protected.scala:17: error: method checkEngine in class Vehicle cannot be
accessed in automobiles.Vehicle
 Access to protected method checkEngine not permitted because
 enclosing class GasStation in package automobiles is not a subclass of
 class Vehicle in package automobiles where target is defined
    vehicle.checkEngine() // 编译错误
            ^
two errors found
```

在上面的代码中，Vehicle 的 checkEngine() 方法是 protected 的，能够被 Vehicle 的任何实例方法访问到。我们可以在一个实例方法中访问这个方法，如派生类 Car 的 start() 方法中，也可以在一个 Car 的实例中访问这个方法，如 Car 类的 tow() 方法，但我们不能在 Car 的实例中通过 Vehicle 的实例访问这个方法，其他任意类也都不行，如 GasStation，尽管 GasStation 和 Vehicle 在同一个包中。这种行为模式和 Java 中的 protected 是有区别的。Scala 对 protected 成员的访问控制更加严格。

3.11.3 细粒度的访问控制

一方面，Scala 在 protected 修饰符上的限制比 Java 更多；另一方面，Scala 在设置访问可见性上面有很大的灵活度以及细粒度的控制。

可以为 private 和 protected 修饰符指定额外的参数。故而，除了简单地将一个成员标记为 private，还可以标记为 private[AccessQualifier]，其中 AccessQualifier 可以是任何封闭类名、一个封闭的包名或者是 this（即实例级别的可见性）。

访问修饰符上的限定词告诉 Scala，对于所有类该成员都是私有的，除了以下情况。

- 如果没有指定 AccessQualifier（在默认情况下），那么该成员只能在当前类或者其伴生对象中访问（第 4 章中将讨论伴生对象）。
- 如果 AccessQualifier 是一个类名，那么该成员可以在当前类、伴生对象以及 AccessQualifier 对应的封闭类和其伴生对象中可访问。
- 如果 AccessQualifier 是一个封闭的包名，那么该成员可以在当前类、伴生对象以及所提到的包下面的所有类中访问。
- 如果 AccessQualifier 是 this，那么将会限制该成员只能在该实例中访问，对于同一个类的其他实例，也是不可见的，这是所有选项中限制最严格的。

组合之后情况有点儿多，比较费脑力。下面这个细粒度访问控制的例子可以把这些细节都讲清楚。

FromJavaToScala/FineGrainedAccessControl.scala

```
package society {
```

```scala
package professional {
  class Executive {
    private[professional] var workDetails = null
    private[society] var friends = null
    private[this] var secrets = null

    def help(another: Executive): Unit = {
      println(another.workDetails)
      println(secrets)
      println(another.secrets)  // 编译错误
    }
  }

  class Assistant {
    def assist(anExec: Executive): Unit = {
      println(anExec.workDetails)
      println(anExec.friends)
    }
  }
}

package social {
  class Acquaintance {
    def socialize(person: professional.Executive) {
      println(person.friends)
      println(person.workDetails)  // 编译错误
    }
  }
}
}
```

编译这段代码将会产生如下错误:

```
FineGrainedAccessControl.scala:12: error: value secrets is not a member of
society.professional.Executive
        println(another.secrets)  // 编译错误
                        ^

FineGrainedAccessControl.scala:28: error: variable workDetails in class
Executive cannot be accessed in society.professional.Executive
        println(person.workDetails)  // 编译错误
                       ^

two errors found
```

这个例子展示了不少 Scala 中的细微差别。在 Scala 中，我们可以定义嵌套包，类似于 C++和 C#中的嵌套命名空间。在定义包名时，我们可以遵循 Java 的风格——使用点，如 society.professional，也可以使用 C++或者 C#的嵌套命名空间的风格。如果决定把从属于一个层次结构的包下面的多个比较小的类放在同一个文件中，那么遵循Java 的风格就没有后者方便。

在上面的代码中，我们让 Executive 中的私有字段 workDetails 在封闭的包 professional 中可见。Scala 就会允许这个包中的 Assistant 类中的方法访问这个字段。但是，在别的包里的 Acquaintance 类，就不能访问这个字段。

对于私有字段 friends，我们让封闭包 society 下面的所有类都能访问。这就使得在 Acquaintance 类中可以访问字段 friends，因为该类是在 society 包所包含的子包之中。

private 默认的可见性是类级别的，在一个类的实例方法中，可以访问同一个类的任何实例中标记为 private 的成员。然而，Scala 通过 this 限定符可以对 private 和 protected 做细粒度的控制。例如，在前面的例子中，因为 secrets 已经被标记为 private[this]，所以实例方法只能在隐式实例下访问这个字段，也就是说，在这个实例中，这个字段不能在其他实例中访问。这也是我们在实例方法 help() 中能够访问 secrets 但是不能访问 another.secrets 的原因。同样，一个标记为 protected[this] 的字段可以在派生类的实例方法中访问，但是仅限于当前实例。

3.12 小结

在本章中，我们从 Java 程序员的角度对 Scala 的特性做了走马观花式的介绍。我们看到了 Scala 和 Java 类似的地方，同时也了解了一些 Scala 独有的特性。

乍一看，Scala 好像是简明版的 Java——Java 能做的 Scala 都能做，而且更简洁，语法也更丰富。除此之外，Scala 还提供了一些 Java 中不支持的特性，如元组、多重赋值、命名参数、默认值、隐式参数、多行字符串、字符串插值以及更加灵活的访问修饰符。

在本章我们只是对 Scala 做了一些浅层次的挖掘，引出了 Scala 的一些关键优势。在下一章中，我们将了解到 Scala 对面向对象范式的支持。

第 **4** 章

处理对象

Scala 是一门完全面向对象的编程语言，为类的创建和对象的处理提供了简洁的语法。Java 中能做的，在 Scala 中都可以做，Scala 还额外提供了一些更强大的特性，以帮助我们进行面向对象编程。尽管 Scala 是一门纯面向对象的编程语言，但是它也支持一些 Java 中不是那么纯粹的面向对象概念，如静态方法[①]。利用伴生对象，Scala 以一种相当有趣的方式处理了这个问题。伴生对象是伴随一个类的单例，在 Scala 中非常常见。

我们将从最熟悉的基础开始，快速深入 Scala 面向对象的方方面面。让我们把一个简单的 Java 类移植到 Scala，然后再深入研究 Scala 的能力。首先构造器就很有意思，因为 Scala 代码往往会比 Java 代码更加简洁，然后我们会见到 Scala 为对象的创建提供的便利。

4.1 创建并使用类

在 Scala 中创建类表意清晰且高度简洁。我们先探索如何创建实例，然后探索如何创建类，最后才是如何定义字段和方法。

4.1.1 创建实例

在 Scala 中创建类的实例和在 Java 中创建实例差不太多。例如，我们创建 StringBuilder 的一个实例：

```
new StringBuilder("hello")
```

除了最后不用写分号以外，这和 Java 非常相似。我们在 new 后面附上类名和它的构造器参数。类 StringBuilder 还有另外一个不带任何参数的重载的构造器，我们来看一下：

---

① 这里指和 Java 互操作的时候可以直接调用，在未来的 Scala 版本中还会引入 @static 注解，提供额外的支持。——译者注

```
new StringBuilder()
```

这能够正常工作，但是 Scala 程序员把空括号视为噪声。故而，如果构造器没有参数，Scala 允许在创建实例时省略 `()`。我们重写一下这段代码：

```
new StringBuilder
```

正如所见，创建实例很简单，但更有趣的是创建过程中我们自己做的抽象。

4.1.2 创建类

让我们从创建一个属性遵循 Bean 约定的 Java 类开始。

WorkingWithObjects/Car.java

```java
// Java 示例
public class Car {
  private final int year;
  private int miles;

  public Car(int yearOfMake) { year = yearOfMake; }

  public int getYear() { return year; }
  public int getMiles() { return miles; }

  public void drive(int distance) {
    miles += Math.abs(distance);
  }
}
```

Car 这个类有两个属性，即 year 和 miles，以及相应的 getter 方法，分别名为 getYear() 和 getMiles()。drive() 方法操作 miles 属性，构造器会初始化标记为 final 的字段 year。简单来说，我们拥有了一些属性以及一些方法来初始化并操作它们。

在 Scala 中，可以不使用 new 关键字来显式地创建一个类。相反，类似于 JavaScript，我们可以通过编写构造器来创建一个类的实例。可以将构造器视为对象工厂——它告诉我们一个对象应该如何被创建。我们一开始就把关注点放在对象的创建上。

下面是与上述 Java 代码等价的 Scala 代码。

WorkingWithObjects/UseCar.scala

```scala
class Car(val year: Int) {
  private var milesDriven: Int = 0

  def miles: Int = milesDriven

  def drive(distance: Int): Unit = {
    milesDriven += Math.abs(distance)
```

```
    }
}
```

在 Java 的版本中，我们为属性 year 显式定义了字段和方法，并显式定义了构造器。而在 Scala 中，类构造器（我们非正式地用其指代类）的参数定义了字段，并自动生成了访问器方法。下面是使用 Scala 类的一个例子。

WorkingWithObjects/UseCar.scala

```
val car = new Car(2015)
println(s"Car made in year ${car.year}")
println(s"Miles driven ${car.miles}")
println("Drive for 10 miles")
car.drive(10)
println(s"Miles driven ${car.miles}")
```

下面是执行命令 scala UseCar.scala 的结果：

```
Car made in year 2015
Miles driven 0
Drive for 10 miles
Miles driven 10
```

因为 Scala 中的默认访问修饰符是 public，所以 Car 这个类在任意包或者文件中都可以访问。我们使用 val 关键字把 year 定义为不可变，就像 Java 中使用 final 一样。字段 milesDriven 是可变的，我们使用 var 而不是 val 来定义它，然而，它是私有的，因为我们已经用访问修饰符 private 显式修饰。下面我们来深入探索一下定义成员的细节。

4.1.3　定义字段、方法和构造器

在定义方法和构造器的时候，Scala 同样简洁。在学习 Scala 代码时，应花一点儿时间学习一下 Scala 生成的字节码。这是一种了解内部机制以及巩固一些概念的好方法。

Scala 将类定义浓缩在了主构造器（primary constructor）上，并提供了一种简明的方式来定义字段和相应的方法。我们来看一些例子。

让我们从下面这个简洁的类定义开始学习。

WorkingWithObjects/CreditCard.scala

```
class CreditCard(val number: Int, var creditLimit: Int)
```

如果类定义没有主体，就没有必要使用大括号（{}）。

正是如此。这是一个完整的类定义，带有两个字段、一个构造器、不可变的 number 的 getter 以及可变的 creditLimit 的 getter 和 setter。这一行 Scala 代码等价于超过 10 行的 Java 代码。你也许会觉得奇怪，如果这代码如此简洁，可以不用输入那些额外的代码从而省下不

少时间，那么程序员会用这些时间做些什么呢？当然是回家——完全没有必要浪费时间在写编译器能够生成的"傻"代码上。

为了检查 Scala 编译器是如何将简洁的代码转换成全面的类的，使用命令 scalac CreditCard.scala 编译前面的代码，并运行命令 javap -private CreditCard 查看编译器所生成的代码：

```
Compiled from "CreditCard.scala"
public class CreditCard {
  private final int number;
  private int creditLimit;
  public int number();
  public int creditLimit();
  public void creditLimit_$eq(int);
  public CreditCard(int, int);
}
```

我们来检查一下编译器所生成的代码。首先，Scala 自动将类标记为 public——Scala 中默认的访问控制。

我们将 number 声明为 val，于是 Scala 将 number 定义为 private final 字段并创建了一个 public 方法 number() 来获得这个值。既然我们将 creditLimit 声明为 var，除了定义一个名为 creditLimit 的 private 字段以外，Scala 还为我们生成了相应的 getter 和 setter。默认生成的 getter 和 setter 不遵循 JavaBean 惯例，后面我们会看一下如何控制这种行为。

我们将构造器的其中一个参数声明为 val，另外一个声明为 var。如果声明的构造器参数没有使用这两个关键字，那么编译器会生成一个标记为 private final 的字段以用于类内部的访问。从这样的参数生成的字段不会有 getter 和 setter，并且不能从类的外部访问。

Scala 会执行主构造器中任意表达式和直接内置在类定义中的可执行语句。我们来看一个例子。

WorkingWithObjects/Construct.scala

```
class Construct(param: String) {
  println(s"Creating an instance of Construct with parameter $param")
}

println("Let's create an instance")
new Construct("sample")
```

上面的代码中，对 println() 的调用直接出现在类定义中。我们可以在输出中看到，这段代码作为构造器调用的一部分会被执行：

```
Let's create an instance
Creating an instance of Construct with parameter sample
```

除了用主构造器参数声明的字段，还可以定义其他字段、方法和辅助构造器（auxiliary constructor）。在下面的代码中，`this()` 方法就是一个辅助构造器。另外，我们定义了变量 `position` 并且重载了 `toString()` 方法。

WorkingWithObjects/Person.scala

```
class Person(val firstName: String, val lastName: String) {
  var position: String = _

  println(s"Creating $toString")

  def this(firstName: String, lastName: String, positionHeld: String) {
    this(firstName, lastName)
    position = positionHeld
  }
  override def toString: String = {
    s"$firstName $lastName holds $position position"
  }
}

val john = new Person("John", "Smith", "Analyst")
println(john)
val bill = new Person("Bill", "Walker")
println(bill)
```

与类定义结合的主构造器接收两个参数，即 `firstName` 和 `lastName`。如果需要，可以很容易就把主构造器设置为 private，详见 4.6.2 节。

除了主构造器，我们还有一个辅助构造器，使用名为 `this()` 的方法定义。它接收 3 个参数：前两个和主构造器相同，第三个是 `positionHeld`。在辅助构造器中，我们调用主构造器来初始化与名字相关的字段。Scala 强制规定：辅助构造器的第一行有效语句必须调用主构造器或者其他辅助构造器。

上述代码的输出结果如下：

```
Creating John Smith holds null position
John Smith holds Analyst position
Creating Bill Walker holds null position
Bill Walker holds null position
```

在 Scala 中，字段会被特殊处理。在类中定义为 var 的字段将会映射到一个 private 字段声明，并附带相应的 getter 和 setter 方法。在字段上标记的访问权限实际上会在访问器方法中生效。因为在前一个例子中，即使我们已经将 `position` 字段标记为 public（Scala 中的默认访问修饰符），编译器还是会创建一个 private 字段和 public 的访问器方法。在编译得到的字节码上运行 `javap` 之后的输出结果摘录如下：

```
private java.lang.String position;
```

```
public java.lang.String position();
public void position_$eq(java.lang.String);
```

position 的声明被转变成了字段定义，并附加一个名为 position() 的 getter 方法以及一个名为 position_=() 的 setter 方法。

在前面 position 的定义中，我们本可以将初始值设置为 null，但我们使用了下划线（_）。在 Scala 中可以用下划线初始化 var 变量——这可以让我们少敲几次键盘，因为 Scala 要求变量在使用前必须初始化。在前面这个例子的上下文中，下划线表示相应类型的默认值，所以对于 Int 来说，是 0，而对于 Double 来说，则是 0.0；对于引用类型来说，是 null，以此类推。用 val 声明的变量就没法使用下划线这种方便的初始化方法了，因为 val 变量创建后就无法修改了。故而，你必须在初始化的时候就给定一个合理的值。

我们探索了 Scala 中定义方法和构造器的简洁程度，也查看了 Scala 在底层实际生成的代码。尽管 Scala 代码非常简洁，编译之后会转换成完整的类，但是所生成的访问器方法的名字并不遵循 JavaBean 惯例——这就有点让人蹙眉了。幸运的是，这很容易修正。

4.2　遵循 JavaBean 惯例

Scala 编译器默认生成的访问器并不遵循 JavaBean 方法的命名规范。如果你的类只用于 Scala，这就不会是一个大问题。但是，如果这些类要在 Java 中使用，就会出问题。这是因为，Java 程序员和 Java IDE 都已经习惯了 JavaBean 惯例，Scala 风格的访问器容易让人产生困扰，在 Java 中也很难使用。而且，大部分 Java 框架已经认定了 JavaBean 惯例，不遵循该惯例会让我们在那些框架中使用 Scala 类非常困难。别着急，用一个注解就能轻松解决这个问题。

只要在相应的期望字段声明上标记 scala.beans.BeanProperty 注解。在看到这个注解之后，Scala 编译器就会准确可靠地生成类似于 JavaBean 的访问器，以及 Scala 风格的访问器。并且，在 Scala 中使用注解的语法和在 Java 中很像。

例如，我们将一个构造器的参数和一个字段的声明使用该注解标记，代码如下。

WorkingWithObjects/Dude.scala
```
import scala.beans.BeanProperty

class Dude(@BeanProperty val firstName: String, val lastName: String) {
  @BeanProperty var position: String = _
}
```

使用该注解，我们让 Scala 创建了访问器方法 getFirstName()、getPosition() 和 setPosition()，还有两个参数和一个声明字段上的 Scala 风格的访问器。因为我们没有用该注解标记参数 lastName，所以 Scala 不会为它生成 JavaBean 风格的访问器。我们可以使用如下命令看一下所生成的代码：

```
scalac Dude.scala
javap -private Dude
```

查看 `javap` 的输出，确认你对该注解效果以及如何创建遵循 JavaBean 惯例的代码已经理解：

```
Compiled from "Dude.scala"
public class Dude {
  private final java.lang.String firstName;
  private final java.lang.String lastName;
  private java.lang.String position;
  public java.lang.String firstName();
  public java.lang.String lastName();
  public java.lang.String position();
  public void position_$eq(java.lang.String);
  public void setPosition(java.lang.String);
  public java.lang.String getFirstName();
  public java.lang.String getPosition();
  public Dude(java.lang.String, java.lang.String);
}
```

如果用 `BeanProperty` 注解把主构造器的所有参数以及所有字段都标记上，那么在 Java 中就能使用 JavaBean 惯例访问这个类的属性了。这样做就能和 Java 愉快地交互，也就能让你与你合作的 Java 开发者愉快相处。同时，你可以选择是 JavaBean 惯例来访问 Scala 中的属性还是使用 Scala 风格，我们推荐后者，因为后者更加符合习惯并且噪声更少。

4.3　类型别名

在使用一个大型类库写代码的时候你也许会遇到类名不符合自己心意的情况。类名要么太长要么不灵巧，或者你只是觉得有一个更好的名字能够表达这种抽象。你拥有这种取别名的自由，可以给一个类取一个赏心悦目的名字。

这是一个名字相当长的类。

WorkingWithObjects/PoliceOfficer.scala

```
class PoliceOfficer(val name: String)
```

`Cop` 就能概括这一切，也更容易输入。下面演示了如何给 `PoliceOfficer` 取别名，且不失其身份。

WorkingWithObjects/CopApp.scala

```
object CopApp extends App {
  type Cop = PoliceOfficer

  val topCop = new Cop("Jack")
  println(topCop.getClass)
}
```

编译并运行这段代码之后可以看到下面这些输出：

```
class PoliceOfficer
```

这个实例的类型仍旧反映它的真正身份，口语化的 Cop 别名只是在这个文件的作用域有效。

Scala 标准库中很多类都取了别名。有时候别名是为了使用更合适的名字，有时候是为了在指定包中引用某些类。例如，Set 就是一个别名，它指向 immutable 包中的 Set 版本，而不是 mutable 包中的版本。

4.4　扩展一个类

在 Scala 中扩展一个基类和 Java 中很像，只是多了两个非常好的限制：其一，方法的重载必须用 override 关键字；其二，只有主构造器能传递参数给基类的构造器。

Java 5 开始引入了 @Override 注解，但是在 Java 中该注解的使用是可选的。Scala 在重载一个方法的时候强制使用关键字 override[1]。通过强制 override 关键字，Scala 就能帮助减少错误，如经常出现在方法名中的拼写错误，还可以避免无意识的方法重载或者想要重载一个基类方法却编写了一个新方法。

在 Scala 中，辅助构造器必须调用主构造器或者其他辅助构造器。除此之外，只能在主构造器中传递参数给一个基类的构造器。一开始这看起来像是一个不必要的限制，但是 Scala 强制使用这条规则是有合理的理由的——它能够减少那些往往由多个构造器中的重复逻辑而引入的错误。

本质上，主构造器在初始化一个类的实例时扮演了入口的角色，以初始化为目的并与基类的交互只能在这里控制。

举个例子，我们来扩展一个类。

WorkingWithObjects/Vehicle.scala

```
class Vehicle(val id: Int, val year: Int) {
  override def toString = s"ID: $id Year: $year"
}

class Car(override val id: Int, override val year: Int, var fuelLevel: Int)
  extends Vehicle(id, year) {
  override def toString = s"${super.toString} Fuel Level: $fuelLevel"
}

val car = new Car(1, 2015, 100)
println(car)
```

看一下运行这段代码的输出：

---

① 通过使用 Scala 编译器插件，可以去掉这个限制。——译者注

```
ID: 1 Year: 2015 Fuel Level: 100
```

因为 Car 中的属性 id 和 year 派生自 Vehicle，我们通过在类 Car 的主构造器相应的参数前加上关键字 override 标明了这一点。看到这个关键字，Scala 编译器就不会为这两个属性生成字段，而是会将这些属性的访问器方法路由到基类的相应方法。如果忘了在这两个参数前写上 override 关键字，就会遇到编译错误。

因为我们在 Vehicle 和 Car 中重载了 java.lang.Object 的 toString() 方法，所以我们也必须在 toString() 的定义前写上 override。

在扩展一个类时，必须将派生类的参数传递给基类的某个构造器。因为只有主构造器才能调用一个基类的构造器，所以我们把这个调用直接放在 extends 声明之后的基类名后面。

4.5 参数化类型

正如我们所见，在 Scala 中，不只扩展一个类时非常简洁，而且减少一些通用编程错误时也十分精简。泛型或者参数化类型有助于创建能够同时应对多种不同类型的类和函数。类型可以在编译时而不是在代码编写时确定，这样能使代码更加可扩展且类型安全。

在 Scala 中，可以创建单独的函数，也可以创建参数化的函数。让我们创建一个。

WorkingWithObjects/Parameterized.scala
```
def echo[T](input1: T, input2: T): Unit =
  println(s"got $input1 (${input1.getClass}) $input2 (${input2.getClass})")
```

我们没有将 echo() 函数的参数类型指定为 Int 或者 String 这样的具体类型，而是将它们开放为参数化类型 T，留给程序员去决定（具体类型）。记号 [T] 告诉编译器后面提到的类型 T 其实不是一个已经存在的命名风格糟糕的单字母类，而是一个参数化类型。

可以像调用别的函数一样调用这个函数，但是参数的类型必须在调用时决定。我们使用两种不同类型的参数来调用 echo() 函数。

WorkingWithObjects/Parameterized.scala
```
echo("hello", "there")
echo(4, 5)
```

第一次调用传递的是字符串，第二次调用传递的是整数。编译器没有报错，接受了这些参数，并按照参数的类型合成了函数。我们来看一下输出：

```
got hello (class java.lang.String) there (class java.lang.String)
got 4 (class java.lang.Integer) 5 (class java.lang.Integer)
```

因为我们对两个参数使用了同一个类型 T，所以 Scala 会要求传入的参数是同一种类型的。然而，这里有一点需要注意。在第 5 章中我们将了解到，Scala 的所有类型都派生自 Any。很遗憾的是，下面的调用能够工作。

WorkingWithObjects/Parameterized.scala

```
echo("hi", 5)
```

该调用的结果是：

```
got hi (class java.lang.String) 5 (class java.lang.Integer)
```

如果想防止自己的程序员同事在重构的时候混用不同类型的参数，可以像这样放一个指示：

```
echo[Int]("hi", 5) // 编译错误：类型不匹配
```

在这种情况下，编译器会认为所有参数的类型都是 Int。这表明强制两个参数同一类型这种做法并不可靠。

如果目的本来就是接受两个不同类型的参数，那么可以更清晰地表达这个特点。例如，下面这个例子：

```
def echo2[T1, T2](input1: T1, input2: T2): Unit =
  println(s"received $input1 and $input2")

echo2("Hi", "5")
```

创建一个参数化类和创建参数化函数一样简单。我们创建了一个类 Message，并延迟定义其字段的类型。

WorkingWithObjects/Parameterized.scala

```
class Message[T](val content: T) {
  override def toString = s"message content is $content"

  def is(value: T): Boolean = value == content
}
```

字段 content 的类型被参数化了，其类型会在类创建实例的时候决定。is() 方法的参数类型也是如此。和单独的函数不同，我们不需要在 is() 方法的定义中放 [T] 标记。如果这个方法接受的参数类型不是类层面指定的参数化类型 T，基于同样的理由，我们就必须和前面提到的一样使用那个标记。

我们创建类 Message 的一些实例，并调用 is() 方法。

WorkingWithObjects/Parameterized.scala

```
val message1: Message[String] = new Message("howdy")
val message2 = new Message(42)

println(message1)
println(message1.is("howdy"))
println(message1.is("hi"))
println(message2.is(22))
```

我们显式指定了第一个变量 message1 的类型，但是让 Scala 推断 message2 的类型。和 Java 不同，Scala 不允许使用原生类型（raw type）①，如果在定义 message1 的时候使用 Message 而不是 Message[String]，编译器会报错。要么提供参数化类型的完整细节，要么让 Scala 来推断类型。

创建了这两个实例之后，我们在 println() 调用中隐式地调用了 toString() 方法，并调用了几次 is() 方法。我们来看一下输出结果：

```
message content is howdy
true
false
false
```

参数化类型在实例创建的时候被指定。如果尝试输入不正确的类型，就会接收到一个严格的报错信息，例如，这个例子：

```
message1.is(22) // 编译错误：类型不匹配
```

遗憾的是，下面的代码不会产生任何错误——字符输入会被默默地转化为兼容的 Int 类型。不要过于依赖类型检查，还是小心点儿好：

```
message2.is('A') // 编译正确
```

类 Message 被定义为接收一个参数化类型。一般来说，一个类可以接收多个参数化类型，就和 echo2() 方法接收两个参数化类型那样。

在 Java 中，尖括号（<>）被用于指定泛型。在 Scala 中我们使用方括号（[]）来替代②。然而，这不是唯一的差异。在 Java 中类型擦除会让范式变得相当脆弱，Scala 在参数化类型上会做更加严谨的类型检查——我们会在 5.1.2 节中看到这些内容。而且，我们可以在参数化类型上加限制——我们将会在 5.4 节中探索这个话题。

4.6 单例对象和伴生对象

在处理 static 字段和方法时，Scala 和 Java 有显著不同。此外，Scala 直接支持单例对象。我们来探索一下单例对象和伴生对象，以及 Scala 对 static 的处理方法。

4.6.1 单例对象

单例是一种非常常用的设计模式，在 Gamma 等人编写的 *Design Patterns: Elements of*

---

① 这里的原生类型指的是泛型中类型擦除之后的类型。——译者注

② 援引 Scala 作者的原话，这样做的原因是：在创造 Scala 的时候，为了添加对 XML 的原生支持（当时看起来很酷），占用了<>符号，所以就给泛型选择了[]符号。当然这也让对数组中元素的访问变成要通过()进行，而不是像 Java 看起来那样，对于这个问题的困扰，需要稍加适应。——译者注

Reusable Object-Oriented Software[1][GHJV95]一书中有很多讨论。单例指的是只有一个实例的类。用单例可以表示那种对某些操作集中访问的对象，如数据库操作、对象工厂等。

单例模式易于理解，但在 Java 中其实很难实现，参考 Joshua Bloch 的 *Effective Java*[Blo08] 一书中的讨论。幸运的是，在 Scala 中这个问题在编程语言层面就已经解决了。创建一个单例要使用关键字 `object` 而不是 `class`。因为不能实例化一个单例对象，所以不能传递参数给它的构造器。

下面的例子中有一个名为 `MarkerFactory` 的单例和一个名为 `Marker` 的类。

WorkingWithObjects/Singleton.scala

```scala
import scala.collection._

class Marker(val color: String) {
  println(s"Creating ${this}")

  override def toString = s"marker color $color"
}

object MarkerFactory {
  private val markers = mutable.Map(
    "red" -> new Marker("red"),
    "blue" -> new Marker("blue"),
    "yellow" -> new Marker("yellow"))

  def getMarker(color: String): Marker =
    markers.getOrElseUpdate(color, new Marker(color))
}

println(MarkerFactory getMarker "blue")
println(MarkerFactory getMarker "blue")
println(MarkerFactory getMarker "red")
println(MarkerFactory getMarker "red")
println(MarkerFactory getMarker "green")
```

下面是运行这段代码的输出结果：

```
Creating marker color red
Creating marker color blue
Creating marker color yellow
marker color blue
marker color blue
marker color red
marker color red
Creating marker color green
```

---

① 中文版书名为《设计模式：可复用面向对象软件的基础》。——译者注

marker color green

在这个例子中，`Marker` 类表示一个带有初始颜色的颜色标记器。`MarkerFactory` 是一个能够帮助我们复用预先创建好的 `Marker` 实例的单例。

可以直接用 `MarkerFactory` 这个名字访问这个单例——唯一的实例。一旦定义了一个单例，它的名字就代表了这个单例对象的唯一实例。

然而，上面的代码中还有一个问题。我们不经过 `MarkerFactory` 就可以直接创建一个 `Marker` 的实例。下面我们看一下如何在相应单例工厂中限制一个类的实例的创建。

4.6.2　独立对象和伴生对象

前面提到的 `MarkerFactory` 是一个独立对象（stand-alone object）。它和任何类都没有自动的联系，尽管我们用它来管理 `Marker` 的实例。

可以选择将一个单例关联到一个类。这样的单例，其名字和对应类的名字一致，因此被称为伴生对象（companion object）。相应的类被称为伴生类。我们在后面可以看到这种方式非常强大。

在前面的例子中，我们想规范 `Marker` 实例的创建。类与其伴生对象间没有边界——它们可以相互访问私有字段和方法。一个类的构造器，包括主构造器，也可以标记为 `private`。我们可以结合这两个特性来解决前一节末尾特别提出的问题。下面是使用一个伴生对象对 `Marker` 这个例子进行的重写。

WorkingWithObjects/Marker.scala

```
import scala.collection._

class Marker private (val color: String) {
  println(s"Creating ${this}")

  override def toString = s"marker color $color"
}

object Marker {
  private val markers = mutable.Map(
    "red" -> new Marker("red"),
    "blue" -> new Marker("blue"),
    "yellow" -> new Marker("yellow"))

  def getMarker(color: String): Marker =
    markers.getOrElseUpdate(color, new Marker(color))
}

println(Marker getMarker "blue")
```

```
println(Marker getMarker "blue")
println(Marker getMarker "red")
println(Marker getMarker "red")
println(Marker getMarker "green")
```

我们来看一下运行上述代码的输出：

```
Creating marker color red
Creating marker color blue
Creating marker color yellow
marker color blue
marker color blue
marker color red
marker color red
Creating marker color green
marker color green
```

Marker 的构造器被声明为 `private`；然而，它的伴生对象可以访问它。因此，我们可以在伴生对象中创建 Marker 的实例。如果试着在类或者伴生对象之外创建 Marker 的实例，就会收到错误提示。

每一个类都可以拥有伴生对象，伴生对象和相应的伴生类可以放在同一个文件中。在 Scala 中，伴生对象非常常见，并且通常提供一些类层面的便利方法。伴生对象还能作为一种非常好的变通方案，弥补 Scala 中缺少 static 成员的事实，且看 4.6.3 节。

4.6.3 Scala 中的 `static`

Scala 没有 static 关键字[①]，直接在一个类中允许 static 字段和 static 方法会破坏 Scala 提供的纯面向对象模型。与此同时，Scala 通过单例对象和伴生对象完整支持类级别的操作和属性。

我们重新看一下前面的 Marker 这个例子。如果能够从 Marker 中获得所支持的颜色，就非常棒。但是，直接在这个类的任何实例中查询并没有意义，因为这是一个类级别的操作。换句话说，如果我们是在用 Java 写代码，就会在类 Marker 中把这个查询方法写成一个 static 方法。但是，Scala 并不提供 static。一开始就是这样设计的，以至于这些方法在单例对象和伴生对象中作为常规方法存在。我们来改一下 Marker 这个例子，并在伴生对象中创建一些方法。

WorkingWithObjects/Static.scala

```
import scala.collection._

class Marker private (val color: String) {
```

---

① 在 Scala 的未来版本中，将会引入 @static 注解对静态方法和字段提供了支持。——译者注

```
  override def toString = s"marker color $color"
}
object Marker {
  private val markers = mutable.Map(
    "red" -> new Marker("red"),
    "blue" -> new Marker("blue"),
    "yellow" -> new Marker("yellow"))

  def supportedColors: Iterable[String] = markers.keys
  def apply(color: String): Marker = markers.getOrElseUpdate(color,
    op = new Marker(color))
}
println(s"Supported colors are : ${Marker.supportedColors}")
println(Marker("blue"))
println(Marker("red"))
```

下面是运行这段代码的输出结果：

```
Supported colors are : Set(yellow, red, blue)
marker color blue marker color red
```

我们在伴生对象中实现了方法 supportedColors()——如果方法不接收任何参数，那么方法定义中的括号可以不写。就像我们在 Java 中调用 static 方法一样，我们在 Marker 这个伴生对象中调用它。

这个伴生对象还提供了其他的便利：不用 new 关键字就可以创建伴生类的实例。特殊的 apply()方法就是达到这种效果的关键。在前面的例子中，当我们调用 Marker ("blue")时，实际上在调用 Marker.apply("blue")。这是一种创建或者获得实例的轻量级语法。

我们快速看一下在底层实现上，单例对象或者伴生对象中的方法是怎样编译成字节码的。下面是一个含有一个方法的单例。

WorkingWithObjects/Greeter.scala

```
object Greeter {
  def greet(): Unit = println("Ahoy, me hearties!")
}
```

使用如下命令，可以查看 Scala 编译器生成的代码：

```
scalac Greeter.scala
javap -private Greeter
```

调用 javap 的输出是：

```
Compiled from "Greeter.scala"
public final class Greeter {
  public static void greet();
}
```

在字节码层面上，单例中方法会被创建为 static 方法。这从与 Java 的互操作性上讲，是一个好消息。

如果你看一下之前编译过程中生成的文件，就会发现，从 Greeter.scala 生成的 class 文件不是一个，而是两个。我们会在第 14 章中探讨这个额外的类的细节以及一些 Scala 引入的和 Java 互操作性的挑战。

4.7　创建枚举类

在 Scala 中可以直接使用 Java 的枚举。当然，也可以在 Scala 中创建枚举。

要在 Scala 中创建枚举，要先从创建对象开始，这和创建一个单例的语法特别相像，但可以赋予多个命名的实例，毕竟，单例模式并不强制只有一个实例，它只是一种对所选实例的创建的控制方式。

我们来创建一个表示多种货币的枚举。

WorkingWithObjects/finance1/finance/currencies/Currency.scala

```
package finance.currencies

object Currency extends Enumeration {
  type Currency = Value
  val CNY, GBP, INR, JPY, NOK, PLN, SEK, USD = Value
}
```

枚举是一个扩展了 Enumeration 类的对象①。使用关键字 val 定义了枚举所选中的实例，在这个例子中就是 CNY、GBP 等。用一个特殊的 Value 来给这些专门的名字赋值，Value 在定义中表示枚举的类型，在枚举之外无法直接访问 Value。

这听起来很棒，但是还有一个问题。回想一下一个单例的名字是如何指向一个实例的。例如，在前面的例子中，MarkerFactory 指向用 object 定义的单例。然而，在枚举中，我们想把枚举名作为任何一种枚举值的通用引用。举个例子，看一下 Money 这个类。

WorkingWithObjects/finance1/finance/currencies/Money.scala
```
package finance.currencies

import Currency._

class Money(val amount: Int, val currency: Currency) {
  override def toString = s"$amount $currency"
}
```

---

① 在 Scala 的未来版本中将会有新的语法来支持枚举。——译者注

在 Money 的构造器中，我们想接收一个 Currency 作为一个参数。将 val currency: Currency 中的单词 Currency 视作一个实例就讲不通了。它应该被视为一种类型。现在你就知道 type Currency = Value 这一行的作用了，它是在告诉编译器将单词 Currency 视作一个类型而不是一个实例[①]。我们看到，4.3 节中介绍的类型别名在这里有了用武之地。

我们可以用 values 这个属性遍历枚举中的所有值。

WorkingWithObjects/UseCurrency.scala

```
import finance.currencies.Currency

object UseCurrency extends App {
  Currency.values.foreach { currency => println(currency) }
}
```

Scala 会自动创建像 toString()这样有意义的方法，该方法能针对枚举元素显示合适的名字，正如我们在输出中所见：

```
CNY
GBP
INR
JPY
NOK
PLN
SEK
USD
```

在 Java 中为了创建一个单例，要创建一个 enum，但是在 Scala 中为了创建一个 enum，要创建一个单例。有点儿怪怪的，对吧？

正如所见，Scala 和 Java 在处理 static 和单例上差别非常大。下面我们来看一下另外一个和 Java 差别非常大的地方——包中不仅仅可以有类，而且令人惊奇的是，还可以有函数。

4.8　包对象

通常，Java 的包中只含有接口、类、枚举和注解类型。Scala 更进一步，包中还可以有变量和函数。它们都被放在一个称为包对象（package object）的特殊的单例对象中。

如果你发现自己创建一个类，仅仅是为了保留在同一个包中的其他类之间共享的一组方法，那么包对象就能避免创建并重复引用这样一个额外的类的负担。我们用一个例子来探索一下。

[①] 因为在上面这段这段代码中有 import Currency._ 语句，所以 val currency: Currency 中的 Currency 实际上是 Currency.Currency。——译者注

　　首先我们使用单例创建一个例子，然后将其转换成一个包对象，这样做可以帮助我们理解其中的好处。

　　在这个例子中，我们会复用之前创建的枚举 Currency 和类 Money。这是一个名为 Converter 的单例，带有一个 convert()方法，它能帮助我们将钱从一种货币换算成另一种货币。

WorkingWithObjects/finance1/finance/currencies/Converter.scala

```scala
package finance.currencies

import Currency._

object Converter {
  def convert(money: Money, to: Currency): Money = {
    // 获取当前的市场汇率……这里使用了模拟值
    val conversionRate = 2
    new Money(money.amount * conversionRate, to)
  }
}
```

让我们在同一个包的类 Charge 中使用这个方法：

WorkingWithObjects/finance1/finance/currencies/Charge.scala

```scala
package finance.currencies

object Charge {
  def chargeInUSD(money: Money): String = {
    def moneyInUSD = Converter.convert(money, Currency.USD)
    s"charged $$$${moneyInUSD.amount}"
  }
}
```

　　在 chargeInUSD()方法中，我们在 convert()方法前加上了包含这个方法的单例名。同样，在 finance.currencies 包之外的类 CurrencyApp 中，也用相同的前缀引用了这个方法。

WorkingWithObjects/finance1/CurrencyApp.scala

```scala
import finance.currencies._

object CurrencyApp extends App {
  var moneyInGBP = new Money(10, Currency.GBP)

  println(Charge.chargeInUSD(moneyInGBP))

  println(Converter.convert(moneyInGBP, Currency.USD))
}
```

我们能够敏锐地观察到：convert() 操作对于 finance.currencies 这个包非常基础，但是 Converter 这个前缀没有增加任何价值。它是一个人工的占位符——一种噪声。我们可以用包对象来避免它。

包对象没什么特别的，就是一个单例，和 Converter 本身很像，只不过它有特殊的名字和语法。它使用相应的包名作为名字，并用单词 package 标记。我们把 Converter 重写为一个包对象。

WorkingWithObjects/finance2/finance/currencies/package.scala

```
package finance

package object currencies {
  import Currency._

  def convert(money: Money, to: Currency): Money = {
    // 获取当前的市场汇率……这里使用了模拟值
    val conversionRate = 2
    new Money(money.amount * conversionRate, to)
  }
}
```

我们将 object Converter 改为 package object currencies，其中 currencies 是包名中的最后一个部分。我们将包含这段代码的文件 package.scala 放在 finance/currencies 目录中，和属于这个包的类在同一个位置。Scala 中的 package 关键字有两种用途：其一是定义一个包，其二是定义一个包对象。

做了这样的改动之后，我们就能在提及 convert() 方法的地方省去类或者单例的前缀，创造了一种这个方法直接属于这个包的印象，正如我们在下面的代码中所见。

WorkingWithObjects/finance2/finance/currencies/Charge.scala

```
package finance.currencies

object Charge {
  def chargeInUSD(money: Money): String = {
    def moneyInUSD = convert(money, Currency.USD)
    s"charged $$$${moneyInUSD.amount}"
  }
}
```

同样，我们从这个包之外的类使用这个方法的时候也能省去前缀。

WorkingWithObjects/finance2/CurrencyApp.scala

```
import finance.currencies._

object CurrencyApp extends App {
```

```
    var moneyInGBP = new Money(10, Currency.GBP)

    println(Charge.chargeInUSD(moneyInGBP))

    println(convert(moneyInGBP, Currency.USD))
}
```

`import financial.currencies._` 语句将单例 `Charge` 和方法 `convert()` 都导入了作用域中。

我们在包对象中放了一个方法。包对象中可以有任意数量的方法，甚至可以是零个。如果你的包中有特质，只要用包对象扩展特质，就能如你所想的，把特质中的方法暴露出来，我们将在第 7 章中对特质进行深入学习。

你也许会好奇，包对象在字节码层面是如何实现的。Scala 会在相应的包中将包对象编译为名为 `package` 的类。因此，我们的单例包对象 `currencies` 会被编译为类 `finance.currencies.package`。

Scala 在标准库中大量运用包对象。在所有 Scala 代码中，`scala` 包都会被自动导入。因此，`scala` 这个包的包对象也会被导入。这个包对象包含了很多类型别名和隐式类型转换。例如，在代码中用 `List[T]`，它就会被自动指向 `scala.collection.immutable.List[A]`，这多亏了 `scala` 包对象中定义的一个别名。

4.9　小结

在本章中，我们探索了对象的处理。我们感受到了在 Scala 中创建对象和扩展对象的简洁，也学习了如何为类型创建别名，以及创建参数化类型和枚举。最后，我们了解了单例、伴生对象以及 Scala 中的包对象。这是一大堆功能，要花一些时间针对已经学过的知识做一些练习。在下一章中，我们的话题将从创建和使用类转移到使用类型和类型推断。

第 5 章

善用类型

Scala 的关键优点之一便是 Scala 是静态类型的。通过静态类型，编译器充当了抵御错误的第一道防线。它们可以验证当前的对象是否就是想要的类型。这是一种在编译时强制接口约定的方式。这样的验证可以使我们相信，编译后的代码满足我们的预期。

不幸的是，在一些主流的静态类型编程语言中，使用静态类型就意味着更多的手指键入。但是，优秀的静态类型编程语言应该在验证代码的同时避免妨碍程序员。例如，Haskell 是影响 Scala 的编程语言之一，开发人员无须被迫处处键入类型信息，就能使用它高超的静态类型能力。

Scala 是一门静态类型的编程语言，但是值得庆幸的是，它偏向于使用类型推断。在绝大多数的情况下，我们都不必提及类型信息——Scala 将智能地从上下文中推断出必要的细节。与此同时，它也没有进行过度的类型推断，从而导致晦涩难懂或者难以维护代码。

在本章中，我们将探讨 Scala 的静态类型和类型推断。我们还将看一下 Scala 中的 3 种特殊类型——Any、Nothing 和 Option。最后，我们将会看一些强大的类型转换技巧。

5.1 类型推断

与任何静态类型的编程语言一样，Scala 在编译时验证对象的类型。同时，它不要求明确标注显而易见的类型，它可以进行类型推断。无论是对于简单类型还是泛型，都可以使用类型推断。

5.1.1 简单类型的类型推断

我们先探索对简单类型的推断。让我们先从一小段代码开始，其中指定了具体类型，类似于在 C++和 Java 这样的编程语言中的通常做法一样。

MakingUseOfTypes/DefiningVariableWithType.scala

```
val greet: String = "Ahoy!"
```

我们定义了一个名为 greet 的变量，指定其类型为 String，并对其赋值。和 Java 不同的是，在 Java 中是先指定变量的类型，然后是变量名，而在 Scala 中，恰好做了相反的操作，这样做有两个原因：首先，通过要求将类型放在变量名之后，Scala 暗示，选择一个好的变量名比标注类型更加重要；其次，类型信息是可选的。

让我们看一下变量的定义。从我们赋给变量的值中，可以看出变量的类型是非常明确的。这是一个没有歧义的例子，所以这里所指定的类型信息是多余的。因为 Scala 可以推断出显而易见的类型，所以让我们省略类型的详细信息，重写前面的定义。

MakingUseOfTypes/DefiningVariable.scala

```
val greet = "Ahoy!"
```

在编译时，如果你没有指定变量的类型，而且也没有歧义的话，那么 Scala 将会指定变量的类型。在前面的例子中，变量 greet 的类型被推断为 String。我们可以通过 3 种方式来检测这一点。首先，我们询问 Scala 其类型信息，如下所示。

MakingUseOfTypes/DefiningVariable.scala

```
println(greet)
println(greet.getClass)
```

我们打印了变量的值，以及它的类型。让我们看一下 Scala 给出的输出结果：

```
Ahoy!
class java.lang.String
```

根据输出结果，我们确认了变量的类型就是预期的类型。但是，从这个例子我们并不能确认 Scala 实际上是在编译时就已经把类型推断出来了，而不是在运行时。看一下编译器生成的字节码则是一种可靠的方式。让我们将这段代码放在一个类中，并编译它。

MakingUseOfTypes/TypeInference.scala

```
class TypeInference {
  val greet = "Ahoy!"
}
```

使用下面的命令编译这段代码，并查看字节码中的详细信息：

```
scalac -d bin TypeInference.scala
javap -classpath bin -private TypeInference
```

下面是 javap 工具的输出结果，从中可以确认变量就是预期的类型：

```
Compiled from "TypeInference.scala"
public class TypeInference {
  private final java.lang.String greet;
```

```
    public java.lang.String greet();
    public TypeInference();
}
```

查看字节码是检查 Scala 编译器所生成的内容的一种确切方法，但是需要费一点儿力。如果想要快速确认对应的类型，那么 Scala REPL 将是很好的朋友，参见 2.1 节。在命令行中输入命令 scala 来调用 REPL，然后录入定义。让我们将例子中的定义录入 REPL 中：

```
scala> val greet = "Ahoy!"
greet: String = Ahoy!

scala> :quit
```

REPL 会快速地反馈我们创建的变量的值以及变量的类型。

这就是类型推断的实战演练。在大多数的情况下，我们可以不用录入详细的类型信息，但是在 Scala 中，有几个地方需要显式地输入类型声明。在以下几种情况下，必须要显式地指定类型：

- 当定义没有初始值的类字段时；

- 当定义函数或方法的参数时；

- 当定义函数或方法的返回类型，仅当我们使用显式的 return 语句或者使用递归时[1]；

- 当将变量定义为另一种类型，而不是被直接推断出的类型时，如 val frequency: Double = 1[2]。

除了上述这些情况之外，类型信息都是可选的，如果忽略，那么 Scala 将会对其进行推断。在适应忽略类型信息之前，你可能需要一些时间来"撤销"之前的一些 Java 实践。当你做出转变的时候，不用担心，Scala 将会耐心地接受这些类型信息，哪怕是多余的。如果你觉得类型信息是不必要的，就省略掉，只要你觉得自在。但是，如果 Scala 不能推断出具体的类型，那么它将会清晰而响亮地要求你提供。

5.1.2　针对泛型和集合的类型推断

Scala 还提供了针对 Java 泛型集合的类型推断和类型安全。在下面的示例中，我们定义了几个 ArrayList 的实例，我们先使用显式的类型，然后再使用类型推断。

MakingUseOfTypes/Generics.scala

```
import java._

var list1: util.List[Int] = new util.ArrayList[Int]
```

[1] 在 Scala 的未来版本中，对于公共方法、字段以及隐式转换，都必须要显式地指明类型。——译者注
[2] 在这个例子中，如果不显式地指定类型，Scala 将会默认推断为 Int 类型。——译者注

```
var list2 = new util.ArrayList[Int]
```

在这种情况下，省去类型信息将减少代码的噪声，特别是在从声明的上下文来看一目了然时。Scala 对对象的类型是非常谨慎的。它禁止任何可能导致类型问题的转换。下面是一个例子。

MakingUseOfTypes/Generics2.scala
```
import java._

var list1 = new util.ArrayList[Int]
var list2 = new util.ArrayList
list2 = list1 // 编译错误
```

我们创建了一个变量 list1，将其指向一个 ArrayList[Int] 的实例。然后我们创建了另外一个变量 list2，并尝试将其指向一个未指定参数类型的 ArrayList 的实例[①]——很快，我们就会发现这意味着什么。当我们尝试将第一个引用赋值给第二个引用时，Scala 将会给出下面的编译错误：

```
Generics2.scala:5: error: type mismatch;
 found   : java.util.ArrayList[Int]
 required: java.util.ArrayList[Nothing]
Note: Int >: Nothing, but Java-defined class ArrayList is invariant in
type E.
You may wish to investigate a wildcard type such as `_ >: Nothing`. (SLS
3.2.10)
list2 = list1 // 编译错误
        ^
one error found
```

对于 list2，在幕后，Scala 实际上创建了一个 ArrayList[Nothing] 的实例。在 Scala 中，Nothing 是所有类型的子类型。通过将 new ArrayList 的结果看作是一个 ArrayList[Nothing] 的实例，Scala 排除了将任何有意义的类型的实例添加到这个集合的可能性。这是因为我们不能将一个基类型的实例看作一个派生类的实例，而在 Scala 的类型层次结构中，Nothing 类型处于最底层的位置。

Scala 强制赋值符号两边的集合类型是相同的，我们稍后将在 5.4 节中看到[②]，如何改变这种默认行为。

下面是一个使用对象类型为 Any 的集合的例子——Any 是所有类型的基础类型。

MakingUseOfTypes/Generics3.scala
```
import java._

var list1 = new util.ArrayList[Int]
```

---

① 它会被推导为 ArrayList[Nothing]。——译者注

② 默认的型变为"不变"，协变和逆变将会在后面讲到。——译者注

```
var list2 = new util.ArrayList[Any]

var ref1: Int = 1
var ref2: Any = _

ref2 = ref1 // 编译正确

list2 = list1 // 编译错误
```

这一次，list1 指向的是一个 ArrayList[Int]的实例，而 list2 指向的是一个 Array List[Any]的实例。我们另外还创建了两个引用，其中 ref1 的类型为 Int，而 ref2 的类型为 Any。如果我们把 ref1 赋值给 ref2，那么 Scala 不会有任何的顾虑，这等效于在 Java 中将一个指向 Integer 的引用赋值给一个类型为 Object 的引用。然而，在默认的情况下，Scala 不允许将一个元素类型为任意类型的集合赋值给一个指向元素类型为 Any 的集合的引用[1]，稍后，我们将会讨论协变（covariance），它提供了这项规则的例外情况。在 Scala 中，Java 泛型也享受了类型安全方面的增强。

在处理泛型的同时，不必总是指定类型，以便从 Scala 的类型检查中获益。只要行得通，都可以依靠类型推断。类型推断发生在编译时。可以确定的是，在编译代码时类型检查就已经生效了，不会有任何运行时的开销。

Scala 认为，没有指定参数化类型的集合是元素类型为 Nothing 的集合，并限制了跨类型的赋值。这些限制结合起来可以提高编译期的类型安全性，提供了明智、务实的静态类型检查。

在前面的例子中，我们使用了 Java 集合。Scala 也提供了丰富的集合类库，我们将会在第 8 章中看到它们。

我们已经对 Any 和 Nothing 类型有所了解，让我们进一步看一下这些类型。

5.2　基础类型

尽管可以在 Scala 中使用 Java 的任何类型，但同时也可以享受到由 Scala 提供的一些原生类型。Scala 在值类型和引用类型之间进行了更加明确的划分，并且通过类型定义进一步增强了类型验证和类型推断。让我们掌握这些基础类型，因为在 Scala 中，将会经常遇到这些类型。

5.2.1　Any 类型

Scala 的 Any 类型是所有类型的超类型[2]，如图 5-1 所示。

---

[1] 这里针对的是 Java 中声明的集合，以及在 Scala 中声明为没有型变的集合类型。——译者注

[2] 类型和类是两个非常容易混淆的概念，初次学习，可以将 Any 看作一个定义在编译器中的超类。——译者注

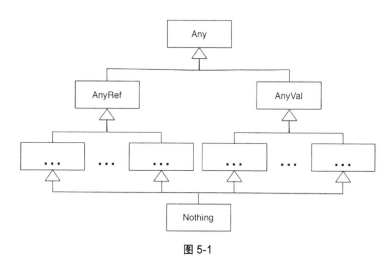

图 5-1

Any 类型可以作为任意类型对象的一个通用引用。Any 是一个抽象类①，定义了如下方法：!=()、==()、asInstanceOf()、equals()、hashCode()、isInstanceOf() 和 toString()。

Any 类型的直接后裔是 AnyVal 和 AnyRef 类型。AnyVal 是 Scala 中所有值类型（如 Int、Double 等）的基础类型，并映射到了 Java 中的原始类型，而 AnyRef 是所有引用类型的基础类型。尽管 AnyVal 没有什么额外的方法②，但是 AnyRef 包含了 Java 的 Object 的方法，如 notify()、wait()、finalize()等。

AnyRef 直接映射到 Java 的 Object，因此可以在 Scala 中使用它，就像在 Java 中使用 Object 一样。但是，不能在 Any 或者 AnyVal 的引用上调用 Object 的所有方法，即使在内部，当把它们编译成字节码时，Scala 将其看作是 Object 引用。换句话说，AnyRef 被直接映射到 Object，而 Any 和 AnyVal 类型被擦除为 Object③。这与 Java 中擦除泛型的方式非常类似。

Any 类型位于类型层次结构的最顶层，而最底层的类型是 Nothing。

5.2.2 关于 Nothing

在 Scala 中，Nothing 是一切类型的子类型。很容易明白我们为何需要 Any 类型，但是 Nothing 类型在一开始看起来相当奇怪，特别是因为它代表了任何类型的子类型。④

---

① 这里表述欠妥，实际上是编译器实现层面的事情。——译者注

② 实际上，现在 AnyVal 上面有一个 getClass() 方法。——译者注

③ 这里表述欠妥，在编译之后，根据使用场景的不同，可能会被映射到 Object，也可能会被映射到 Java 的原始类型。——译者注

④ 例如，我们可以将 scala.Predef#??? 赋值给任何类型的变量或者作为任何函数的返回值。——译者注

Nothing 类型在 Scala 的类型验证机制的支持上意义重大。Scala 的类型推断尽可能地确定表达式和方法的类型。如果推断出的类型太过宽泛，则不利于类型验证。同时，我们确实也希望可以推断这样的表达式或函数的类型，其一个分支可以返回，如 Int 类型的结果，而另一个分支抛出异常，如下所示：

```
def someOp(number: Int) =
  if (number < 10)
    number * 2
  else
    throw new RuntimeException("invalid argument")
```

在这种情况下，将该函数的返回类型推断为 Any 类型则太宽泛了，而且也没有什么用，而将返回类型推断为 Int 则更为有用。我们可以很容易地看出该算术表达式的计算结果类型为 Int。此外，也必须要推断抛出异常的分支的结果类型，在这种情况下，需要为其返回一个 Int 类型或者 Int 类型的子类型，以便使其和推断的返回类型兼容。但是，throw 语句的结果类型不能被推断为 Int 类型而被任意处理，因为在任何地方都可能会引发异常。Nothing 类型这时候就派上用场了——通过作为所有类型的子类型，它使类型推断过程得以顺利进行。因为它是所有类型的子类型，所以它可以替代任何东西。Nothing 是抽象的，因此在运行时永远都不会得到一个真正的 Nothing 实例。它是一个纯粹的辅助类型，用于类型推断以及类型验证。

让我们用一个例子来进一步地探索这个主题。让我们来看一个名为 madMethod() 的方法，它将会抛出一个异常。使用 RPEL 来看一下 Scala 是如何推断类型的：

```
scala> def madMethod() = { throw new IllegalArgumentException() }
madMethod: ()Nothing

scala> :quit
```

该交互式 REPL 会话显示，Scala 将抛出异常的表达式的返回类型推断为 Nothing。Scala 的 Nothing 类型实际上具备含义——它是所有其他类型的子类型。因此，在 Scala 中 Nothing 类型可以替代任意类型。

Any 类型是所有类型的父类型，而 Nothing 则是一切类型的子类型。

5.2.3 Option 类型

在 Joshua Bloch 的 *Effective Java*[Blo08]一书中有这样的合理建议：返回空集合，而不是 null 引用。如果遵循这个建议，我们就不必忍受 NullPointerException 了。即使结果集合为空，迭代也会变得很容易。在使用集合的时候，这是很好的建议，但是在使用其他返回类型时，我们也需要类似的内容。

例如，在执行模式匹配时，匹配的结果可能是对象、列表、元组等，也可能不存在。从两方面来说，悄无声息地返回一个 null 是有问题的。首先，可能没有结果值这个事实并没有被明确地（通过类型）表示出来。其次，没有办法强制要求函数的调用者来检查是不存在还是 null。

Scala 进一步指定了可能的不存在性。使用 Scala 的 Option[T]，可以进行有意图的编程，并指定打算不返回结果。Scala 以类型安全的方式实现了这一点，因此可以在编译时强制进行检查。让我们来看一个使用了这个特殊类型的例子。

MakingUseOfTypes/OptionExample.scala
```scala
def commentOnPractice(input: String) = {
  // 而不是返回 null
  if (input == "test") Some("good") else None
}

for (input <- Set("test", "hack")) {
  val comment = commentOnPractice(input)
  val commentDisplay = comment.getOrElse("Found no comments")
  println(s"input: $input comment: $commentDisplay")
}
```

在这里，commentOnPractice() 方法可能返回 String 类型的注释，也可能根本没有任何注释。如果我们返回 null，那么等于我们是在祈祷方法调用结果的接收者来执行 null 检查。这是一个负担，此外，代码味道将会变坏，并且容易出错。

commentOnPractice() 方法返回的是 Some[T] 的实例或者 None，而不是 String 的实例。这两个类都继承自 Option[T] 类。接受 Option[T] 实例的代码将会获取结果，并明确地预期结果可能并不存在。在前面的示例中，我们使用了 Option[T] 上的 getOrElse() 方法。其中如果结果值不存在，我们可以提供其他的结果。让我们运行前面的代码并看一下输出结果：

```
input: test comment: good
input: hack comment: Found no comments
```

通过显式指定类型为 Option[String]，Scala 强制检查实例是否不存在。这是在编译时强制执行的，因为没有检查 null 引用，所以将不太可能会触发 NullPointerException。通过调用返回的 Option[T] 上的 getOrElse() 方法，你可以主动地表明自己的意图，即防止结果不存在，也就是 None。

5.2.4　Either 类型

当一个函数调用的结果可能存在也可能不存在时，Option 类型很有用。有时候，你可能希望从一个函数中返回两种不同类型的值之一。这个时候，Scala 的 Either 类型就派上用场了。

假设一个 compute()方法对给定的输入执行一些计算，但是它只对正整数有效。对于无效的输入，我们可以优雅地返回错误消息，而不是抛出异常。Either 类型有两种值：左值（通常被认为是错误）和右值（通常被认为是正确的或者符合预期的值）。让我们编写这个示例 compute()函数。

MakingUseOfTypes/UsingEither.scala

```scala
def compute(input: Int) =
  if (input > 0)
    Right(math.sqrt(input))
  else
    Left("Error computing, invalid input")
```

上面的 compute()方法将会检查输入是否有效，如果输入有效，则返回一个有效的结果，并使用单例对象 Right 将其包装到 Either 的右值中；如果输入无效，那么它将返回详细的错误信息，并使用单例对象 Left 将其作为 Either 类型的左值返回。

当接收到一个 Either 类型的值时，可以使用模式匹配来提取其中的值，如下面的 displayResult()函数所示。

MakingUseOfTypes/UsingEither.scala

```scala
def displayResult(result: Either[String, Double]): Unit = {
  println(s"Raw: $result")
  result match {
    case Right(value) => println(s"result $value")
    case Left(err) => println(s"Error: $err")
  }
}
```

我们先直接显示 result 中的值，然后使用模式匹配来提取其中的值，从而分别显示右值或者左值。

让我们调用 displayResult()函数。

MakingUseOfTypes/UsingEither.scala

```scala
displayResult(compute(4))
displayResult(compute(-4))
```

这段代码的输出结果如下：

```
Raw: Right(2.0)
result 2.0
Raw: Left(Error computing, invalid input)
Error: Error computing, invalid input
```

如果想要表明一个值可能不存在，就使用 Option 类型；但是，如果结果可能会在两个不同的值之间变化，就使用 Either 类型。

5.3 返回值类型推断

除了推断变量的类型，Scala 还试图推断函数和方法的返回值类型。然而，这里有一点需要注意——Scala 是否自动推断取决于你如何定义函数。只有当你使用等号（=）将方法的声明和方法的主体部分区分开时[1]，Scala 的返回值类型推断才会生效。否则，该方法将会被视为返回一个 Unit，等效于 Java 中的 Void。让我们研究一下下面这些函数的返回值类型。

MakingUseOfTypes/Functions.scala

```
def function1 { Math.sqrt(4) }
def function2 = { Math.sqrt(4) }
def function3 = Math.sqrt(4)
def function4: Double = { Math.sqrt(4) }
```

我们通过提供一个名字以及大括号中的函数体定义了 function1()[2]。虽然语法上是正确的，但是最好避免这种风格——这个函数的返回值类型将会被推断为 Unit。让我们转移到下一个函数 function2()，我们在函数体之前使用了等号（=），这是 function1() 和 function2() 在结构上的唯一差别；然而，这在 Scala 中却是迥异的。当 Scala 假设 function1() 的返回值类型为 Unit 的时候，它推断出 function2() 返回的是一个 Double（Java 的 Double），因为这是函数主体部分的表达式所产生的结果类型。在 Scala 中，在函数声明和它的主体之间使用等号（=）是理想的惯用风格——即使对于返回 Unit 的方法来说也是如此。

如果一个函数的主体是一个简单表达式或者复合表达式，那么就可以像定义 function3() 一样删除大括号。当函数的主体部分很小时，这将有利于减少代码的噪声，例如仅仅执行最小类型检查的简单的 getter 和 setter。

> \\// Joe 问：
> 是否应该使用()？
>
> 定义具有零个参数的函数的时候，是否应该放置一个()呢？调用函数的时候呢？
>
> 如果方法只是字段或者属性的访问器，那么不要将()放置在定义中。在这种情况下，在调用的时候就不能使用()。此外，如果一个方法执行了一些计算并返回结果，也去掉()，如 toString、getClass 等。

---

[1] 在 Scala 的未来版本中，过程语法将会被废弃。——译者注

[2] 在 Scala 的未来版本中，将会要求按照下面的格式定义：def function1(): Unit = { Math.sqrt(4) }。——译者注

> 　　但是，如果一个函数具有副作用（它会改变或者对某些数据进行更改、写入文件、更新数据库，或者甚至是调用 println() 方法写入控制台），那么在声明和调用这个函数的地方都需要使用 ()。
>
> 　　任何返回 Unit 的方法都必须产生副作用，如果它没有返回值，并且没有产生副作用，那么它将是无用的，什么也不会做。因此，可以将这一的方法标记为 ()，并且在调用的时候也使用圆括号。

　　我们在前 3 个函数中忽略了函数的返回值类型，与此相反，你也可以在 function4 中显式地指定返回类型。再强调一次，如果函数的主体是单个表达式，则可以去除大括号。无论返回值是显式指定的还是推断出来的，所有函数和方法的返回值类型都是在编译时确定的。

　　如果你决定指定返回值类型，那么它必须要和方法主体的最后一个表达式产生的结果类型兼容。如果不兼容，例如，如果将 function4() 函数的返回值声明为 String，那么 Scala 将会给出一个类型不匹配的编译错误。

　　通过在 Scala REPL 中运行上面的函数声明，你可以确认你对返回值类型推断已经理解：

```
scala> def function1 { Math.sqrt(4) }
function1: Unit

scala> def function2 = { Math.sqrt(4) }
function2: Double

scala> def function3 = Math.sqrt(4)
function3: Double

scala> def function4 : Double = { Math.sqrt(4) }
function4: Double

scala> :quit
```

　　每个函数的返回值类型都被显示在了冒号之后。虽然 function1() 函数的返回值类型被推断为了 Unit，但是，对于所有我们在前面例子中定义的其他函数来说，它们的返回值都是 Double。使用 REPL 来测试你自己的例子，并尝试使用各种返回类型以及语法，看一下什么可以被接受，以及它又是如何被 Scala 推断的。

　　通常来说，对于内部 API，最好让 Scala 推断出函数和方法的结果值类型。这样你就可以少操心一件事情了，可以让精心打造的类型推断机制来做它擅长的工作。对外部 API 来说，如对面向客户端的 API 来说，要显式地指定类型，以便于用户能够更加容易地看到他们可以预期的类型。当定义接口（Scala 中的特质）的方法时，显然必须指定返回值的类型，因为它们都还没有实现呢。

Scala 的类型推断非常方便。尽管 Scala 的类型检查是严格的，Scala 也确实提供了一些灵活性，如 5.4 节中介绍的那样。

5.4 参数化类型的型变

在 5.1.2 节中，Scala 阻止我们将一个指向 ArrayList[Int] 的引用赋值给一个指向 Array List[Any] 的引用。这是一件好事情。通常来说，一个派生类型的集合不应该赋值给一个基类型的集合。然而，有时候我们需要放宽这一规则。在这些情况下，我们可以要求 Scala 允许在其他情况下无效的转换。

5.4.1 协变和逆变

如果有任何转换可能会导致运行时故障，那么 Scala 都会在编译时停止。具体来说，作为一个例子，它将会拒绝编译下面的代码。

```
var arr1 = new Array[Int](3)
var arr2: Array[Any] = _

arr2 = arr1 // 编译错误
```

下面是由编译器报告的错误：

```
NotAllowed.scala:4: error: type mismatch;
 found    : Array[Int]
 required: Array[Any]
Note: Int <: Any, but class Array is invariant in type T.
You may wish to investigate a wildcard type such as `_ <: Any`. (SLS
3.2.10)
arr2 = arr1 // 编译错误
       ^
one error found
```

上面的限制是一件好事。试想一下，如果 Scala（和 Java 一样）对此没有限制，将会发生什么。下面是可以让我们陷入麻烦的 Java 代码。

MakingUseOfTypes/Trouble.java
```
1    // Java 代码
2    class Fruit {}
3    class Banana extends Fruit {}
4    class Apple extends Fruit {}
5
6    public class Trouble {
7      public static void main(String[] args) {
```

```
8      Banana[] basketOfBanana = new Banana[2];
9      basketOfBanana[0] = new Banana();
10
11     Fruit[] basketOfFruits = basketOfBanana;
12     basketOfFruits[1] = new Apple();
13
14     for(Banana banana : basketOfBanana) {
15       System.out.println(banana);
16     }
17   }
18 }
```

上面的代码在编译的时候没有错误。然而，当我们运行它时，它会给出下面的运行时错误：

```
Exception in thread "main" java.lang.ArrayStoreException: Apple
    at Trouble.main(Trouble.java:12)
```

发生错误的原因是，在运行时，我们以使用一篮子水果为托词，试图把一个苹果放到一篮子香蕉中。尽管故障是在第 12 行发生的，但根本原因在于 Java 编译器没有在第 11 行阻止我们这样做。

虽然前面的问题代码可以从 Java 编译器溜过去，不过公平起见，它并不允许下面的代码通过编译：

```
// Java 代码
ArrayList<Integer> list = new ArrayList<Integer>();
ArrayList<Object> list2 = list; // 编译错误
```

遗憾的是，在 Java 中，可以很容易地绕开这个限制，如下所示：

```
ArrayList list3 = list;
```

在期望接收一个基类实例的集合的地方，能够使用一个子类实例的集合的能力叫作协变（covariance）。而在期望接收一个子类实例的集合的地方，能够使用一个超类实例的集合的能力叫作逆变（contravariance）。在默认的情况下，Scala 都不允许（即不变）。

5.4.2　支持协变

虽然 Scala 的默认行为总的来说是好事，但是我们还是想要小心地将派生类型的集合，也就是 Dog 的集合，看作是其基类型的集合，也就是 Pet 的集合。考虑下面的例子。

MakingUseOfTypes/PlayWithPets.scala

```scala
class Pet(val name: String) {
  override def toString: String = name
}

class Dog(override val name: String) extends Pet(name)

def workWithPets(pets: Array[Pet]): Unit = {}
```

我们定义了两个类，其中 Dog 类扩展了 Pet 类。我们有一个方法 workWithPets，它接受一个 Pet 的数组，但是实际上什么也没做。现在让我们来创建一个 Dog 的数组。

MakingUseOfTypes/PlayWithPets.scala

```
val dogs = Array(new Dog("Rover"), new Dog("Comet"))
```

如果我们把 dogs 传递给前面的方法，我们将会得到一个编译错误：

```
workWithPets(dogs) // 编译错误
```

Scala 将会抱怨对 workWithPets() 方法的调用——我们不能将一个包含 Dog 的数组发送给一个接受 Pet 的数组的方法。但是，这个方法是无害的。然而，Scala 并不知道这一点，所以它试图保护我们。我们必须要告诉 Scala，我们允许这样做。下面是一个我们如何能够做到这一点的例子[①]。

MakingUseOfTypes/PlayWithPets.scala

```
def playWithPets[T <: Pet](pets: Array[T]): Unit =
  println("Playing with pets: " + pets.mkString(", "))
```

我们使用一种特殊语法定义了 playWithPets() 方法。T <: Pet 表明由 T 表示的类派生自 Pet 类。这个语法用于定义一个上界（如果可视化这个类的层次结构，那么 Pet 将会是类型 T 的上界），T 可以是任何类型的 Pet，也可以是在该类型层次结构中低于 Pet 的类型。通过指定上界，我们告诉 Scala 数组参数的类型参数 T 必须至少是一个 Pet 的数组，但是也可以是任何派生自 Pet 类型的类的实例数组。因此，现在我们可以执行下面的调用了。

MakingUseOfTypes/PlayWithPets.scala

```
playWithPets(dogs)
```

下面是对应的输出结果：

```
Playing with pets: Rover, Comet
```

如果尝试传递一个 Object 的数组，或者其他不是从 Pet 类型派生的类的实例数组，将会得到一个编译错误。

5.4.3 支持逆变

现在，假设我们想要将宠物从一个集合复制到另外一个集合，那么我们可以编写一个名为 copy() 的方法，其接受两个类型为 Array[Pet] 的参数。然而，这将不能帮助我们传递一个 Dog 的数组。此外，我们应该能够从一个 Dog 的数组复制到一个 Pet 的数组。换句话说，在这个场景下，接收数组中元素类型是源数组中元素类型的超类型也是可以的。这里我

[①] 实际上，这里利用的是使用侧协变，而非定义侧协变。——译者注

们需要的是一个下界①。

MakingUseOfTypes/PlayWithPets.scala
```
def copyPets[S, D >: S](fromPets: Array[S], toPets: Array[D]): Unit = { //...
}

val pets = new Array[Pet](10)
copyPets(dogs, pets)
```

我们限定了目标数组的参数化类型（D），将其限定为源数组的参数化类型（S）的一个超类型。换句话说，S（对于像 Dog 一样的源类型）设定了类型 D（像 Dog 或者 Pet 这样的目标类型）的下界——它可以是类型 S，也可以是它的超类型。

5.4.4　定制集合的型变

在前面的两个例子中，我们控制了方法定义中方法的参数。如果你是一个集合类的作者，你也可以控制这一行为，也就是说，如果你假定派生类型的集合可以被看作是其基类型的集合。你可以通过将参数化类型标记为+T 而不是 T 来完成这项操作，如下所示。

MakingUseOfTypes/MyList.scala
```
class MyList[+T] //...
var list1 = new MyList[Int]
var list2: MyList[Any] = _
list2 = list1 // 编译正确
```

在这里，+T 告诉 Scala 允许协变②；换句话说，在类型检查期间，它要求 Scala 接受一个类型或者该类型的派生类型。因此，你可以将一个 MyList[Int] 的实例赋值给一个 MyList[Any] 的引用。需要记住的是，这不能是 Array[Int]。然而，这可以是 Scala 库中实现的 List——我们将会在第 8 章对其进行讨论。

同样，通过使用参数化类型-T 而不是 T，我们可以要求 Scala 为自己的类型提供逆变支持。

在默认情况下，Scala 编译器将会严格检查型变。我们也可以要求对协变或者逆变进行宽大处理。无论如何，Scala 都会检查型变是否可靠。

5.5　隐式类型转换

在 Scala 中，编译时的类型检查非常严格。如果不传递函数所需的类型，或者在实例上胡乱调用方法，都会在编译的时候出现错误。虽然在大多数情况下这都是好事情，但是，

---

① 这里利用的是使用侧逆变，而非定义侧逆变。——译者注

② 这里使用的是定义侧协变。——译者注

有时你想要在期望接受某种特定类型的时候，传递另外一种类型的实例，主要是在这种情况下，会使代码更加直观、更加具有表现力和易于编写。同样，你也可能会希望在第三方类上调用特定于你自己领域的简便方法。这可能会给你一个更加强大、可以向现有的第三方类上添加方法的错觉。而在 Scala 中，这一切皆有可能，只需要使用一些类型转换的技巧即可。

实现类型转换有两种不同的方式——编写隐式函数和创建隐式类。第一种方法在 Scala 中由来已久，而隐式类则是相对较新的。让我们一起来探索一下吧。

5.5.1　隐式函数

在默认情况下，出现无效的方法调用时，Scala 编译器将会窃喜（因为这时它就省去了查找隐式参数的工作）。但是，如果在当前的范围内看到了隐式转换，那么它将使用这个隐式转换悄悄地转换你的对象，并应用你所要求的方法。让我们来看一下如何使用领域特定语言（DSL）——一种流式语法（fluent syntax），我们将会在下面的例子中实现它。

在使用日期和时间操作时，如果能编写下面的代码，那将会非常方便，并且具有更好的可读性：

```
2 days ago
5 days from_now
```

这看起来更像是数据输入，而不是代码——DSL 的特性之一。乍一看，我们好像利用了 Scala 对于点号和圆括号的可选性处理。但是，还有更多的细节——我们在 2 上调用了 days() 方法，并在第一个表达式中传递了一个变量 ago。在第二个表达式中，我们在 5 上调用了该方法，并传递了一个变量 from_now。因为 Int 根本没有这些方法，所以，如果这段代码有效，那么它看起来就像魔法一样。

如果尝试编译上面的代码，那么 Scala 编译器将会抱怨 days() 方法不是 Int 上的一个方法。但是，孜孜不倦的程序员从不轻易说不，我们将会让它工作。我们可以要求 Scala 静默地将 Int 转换为有助于完成上面操作的东西。

通过隐式类型转换，你可以扩展编程语言，从而创建特定于你自己的应用程序/领域的词汇表，或者创建你自己的领域特定语言。

让我们首先从一些混沌代码开始理解这个概念，然后将它重构为一个结构良好的类。

我们需要定义变量 ago 和 from_now，并且要求 Scala 接受 days() 方法。定义变量很容易，但是为了让 Scala 接受这个方法，我们要创建一个 DateHelper 类，让其接受一个 Int 作为构造器的参数。

如果想要使用隐式转换函数，那么 Scala 将会要求导入 scala.language.implicit Conversions。这将有助于提醒阅读代码的人代码中即将进行类型转换。

  `DateHelper` 提供了我们想要的 `days()`方法。我们在该方法中使用的 `match()`方法是 Scala 的模式匹配（我们将会在第 9 章中学习）的一部分。因为 `DateHelper` 是一个常规类，所以我们可以创建一个它的实例，并调用其上面的 `days()`方法。但是，真正的乐趣在于，在一个 `Int` 上调用 `days()`方法，并让 Scala 静默地将 `Int` 转换为一个 `DateHelper` 的实例，这样就可以调用这个方法了。Scala 只需在一个简单的函数前面加上 `implicit` 关键字即可使用启用这个技巧的特性。

  如果一个函数被标记为 `implicit`，且在当前作用域中存在这个函数（通过当前的 `import` 语句导入，或者存在于当前文件中），那么 Scala 都将会自动使用这个函数。让我们创建这个隐式函数，并进行流式调用吧：

```scala
implicit def convertInt2DateHelper(offset: Int): DateHelper = new DateHelper(offset)

val ago = "ago"
val from_now = "from_now"

val past = 2 days ago
val appointment = 5 days from_now

println(past)
println(appointment)
```

  如果和 `DateHelper` 类的定义一起运行这段代码，将会看到，Scala 自动将给定的数字转换为了 `DateHelper` 类的实例，并调用了上面的 `days()`方法，从而产生了下面的结果：

```
2015-08-11
2015-08-18
```

  现在，代码已经生效了，是时候清理一下了。我们不想在每次进行类型转换的时候都编写一个隐式转换器。通过将隐式转换器放置到单独的单例对象中，我们可以获得更好的可复用性和易用性。让我们将该转换器移到 `DateHelper` 的伴生对象中。

MakingUseOfTypes/DateHelper.scala

```scala
import scala.language.implicitConversions
import java.time.LocalDate

class DateHelper(offset: Int) {
  def days(when: String): LocalDate = {
    val today = LocalDate.now
    when match {
      case "ago" => today.minusDays(offset)
      case "from_now" => today.plusDays(offset)
      case _ => today
    }
}
```

```
    }
  }

object DateHelper {
  val ago = "ago"
  val from_now = "from_now"
  implicit def convertInt2DateHelper(offset: Int): DateHelper = new DateHelper(offset)
}
```

当我们导入 `DateHelper` 时，Scala 将会自动为我们找到这个隐式转换器。这是因为，Scala 将在当前作用域以及我们导入的作用域范围内应用转换。

下面是一个使用了我们编写在 `DateHelper` 伴生对象中的隐式转换的例子。

MakingUseOfTypes/DaysDSL.scala

```
import DateHelper._

object DaysDSL extends App {
  val past = 2 days ago
  val appointment = 5 days from_now

  println(past)
  println(appointment)
}
```

下面是编译并运行这段代码的输出结果：

```
2015-08-11
2015-08-18
```

在 `scala` 包的包对象和 `Predef` 对象中，Scala 已经定义好了大量的隐式转换，它们在默认情况下都已被导入。例如，当我们编写 `1 to 3` 的时候，Scala 会隐式地将 `1` 从 `Int` 转换为其更加饱满的包装器 `RichInt`，然后调用它的 `to()` 方法。

如果有多个隐式转换可见，那么 Scala 将会挑选最合适的，以便代码可以成功编译。但是，Scala 一次最多只能应用一个隐式转换。如果对于同一个方法调用，有多个隐式转换相互竞争，那么 Scala 将会给出一个错误。

调用 `2 days ago` 的这个魔法的确不错，但是我们必须要写一个类和一个转换函数。我们应该给这个函数取什么名字，又应该将它放在哪里，程序员又如何找到它呢？我们可以使用隐式类来消除转换函数，以及所有的这些问题。你只需要编写一个隐式类，Scala 就会负责创建所有必要的管道代码，如同将在下一节中看到的。

5.5.2 隐式类

相对于创建一个常规类和一个单独的隐式转换方法，你可以告诉 Scala，某个类的唯一目的就是作为一种适配器或者转换器。为此，可以将一个类标记为 implicit 类。当使用隐式类的时候，Scala 设置了一些限制。其中最值得注意的是，它不能是一个独立的类，它必须要在一个单例对象、类或者特质中。让我们重新修改这个流式日期的例子，从而使用隐式类。

MakingUseOfTypes/DateUtil.scala

```
object DateUtil {
  val ago = "ago"
  val from_now = "from_now"

  implicit class DateHelper(val offset: Int) {
    import java.time.LocalDate
    def days(when: String): LocalDate = {
      val today = LocalDate.now
      when match {
        case "ago" => today.minusDays(offset)
        case "from_now" => today.plusDays(offset)
        case _ => today
      }
    }
  }
}
```

单例对象 DateUtil 用作不可变变量的占位符，以及修改后的 DateHelper 类的新家，现在 DateHelper 声明为隐式类。我们还将 LocalDate 的导入移到了需要它的类的内部。在使用隐式类的时候，Scala 不需要导入 implicitConversions。这是因为，与可以导入的任意隐式转换函数不同，隐式类在声明以及导入它们的作用域中更加具有可见性。

使用隐式转换与上一个例子并没有太大的不同。让我们使用修改后的隐式转换。

MakingUseOfTypes/DateUtil.scala

```
object UseDateUtil extends App {
  import DateUtil._

  val past = 2 days ago
  val appointment = 5 days from_now

  println(past)
  println(appointment)
}
```

其中，ago 和 from_now 的定义来自单例对象 DateUtil，正如同之前通过 DateHelper 进行隐式转换一样，这些都是这个宿主对象的一部分。

为了提供流利性、易用性并使用领域特定方法对现有类进行扩展，我们更倾向于使用隐式类，而不是隐式方法——隐式类表意更加清晰明确，并且比任意的隐式转换方法更容易定位。我们还可以在与值类进行结合的时候，消除创建对象的开销，如同接下来将会看到的。

5.6　值类

像 2 days ago 这样的代码是迷人的，但是在哪些方面迷人呢？让我们揭开面纱，看一下 Scala 编译器实际上对该表达式做了什么。

使用 scalac 编译文件 DateUtil.scala，然后运行命令 javap -c UseDateUtil\$——Scala 为这个单例对象创建的内部类，并快速搜索对 days() 方法的调用。让我们研究一下在这个方法调用周围的几行字节码。

```
      5: invokevirtual #73                   // 方法
DateUtil$.DateHelper:(I)LDateUtil$DateHelper;
      8: getstatic      #69                   // 字段
DateUtil$.MODULE$:LDateUtil$;
     11: invokevirtual #77                   // 方法
DateUtil$.ago:()Ljava/lang/String;
     14: invokevirtual #83                   // 方法
DateUtil$DateHelper.days:(Ljava/lang/String;)Ljava/time/LocalDate;
```

下面就是这段流式代码的成本——创建了一个 DateHelper 类的实例，然后在它上面调用了 days() 方法。每次调用流式方法，都会导致对象创建的开销。结果就是：所做的隐式转换越多，所创建的短生命周期的垃圾对象也就越多。

Scala 的值对象直接解决了这个问题。这些小的垃圾对象将会被消除，编译器将会使用没有中间对象的函数组合来直接编译这些流式方法调用。要创建一个值对象，只需要从 AnyVal 扩展你的类即可。让我们将 DateHelper 修改成为一个值类。

```
implicit class DateHelper(val offset: Int) extends AnyVal {
```

扩展自 AnyVal 是我们对 DateHelper 所做的唯一修改。而上一个例子中的其余代码都未做任何更改。现在编译这段代码，并采用和之前一样的方式来查看字节码：

```
      8: invokevirtual #78                   // 方法
DateUtil$.DateHelper:(I)I
     11: getstatic      #74                   // 字段
DateUtil$.MODULE$:LDateUtil$;
     14: invokevirtual #82                   // 方法
DateUtil$.ago:()Ljava/lang/String;
     17: invokevirtual #86                   // 方法
DateUtil$DateHelper$.days$extension:(ILjava/lang/String;)Ljava/time/LocalDate;
```

研究这两次 javap 反编译后的结果摘录中的第一行，一个来自对 DateHelper 进行更改之前，而另一个来自更改之后。现在编译器合成的方法返回原始的 int，而不是返回一个 DateHelper 的实例，这里的 I 代表 int。此外，在这两个摘录中，最后的几行显示，days() 方法不再在实例上进行调用，而是被写成了扩展方法。简而言之，Scala 已经消除了短生命周期的垃圾实例，使用流式扩展方法不再有实例化的代价了。

Scala 中的隐式包装类（如 RichInt 和 RichDouble）都是作为值类实现的。虽然你可以将自己的隐式类编写为值类，但是值类的作用却不仅限于此。

值类在任何简单值或者原始值已经够用但你希望使用类型来进行更好的抽象的地方都是有用的。在这种情况下，一个值类可以给你世界上最好的两样东西：更好的设计以及更富表现力的代码，并且不需要使用显式的对象。让我们通过一个例子来深入地探讨这一点。

我们可以通过 Name 类来更好地表示一个宠物的名称，而不仅仅是一个 String。让我们创建一个 Name 类，并在一些上下文中使用它吧。

MakingUseOfTypes/NameExample.scala

```scala
class Name(val value: String) {
  override def toString: String = value
  def length: Int = value.length
}

object UseName extends App {
  def printName(name: Name): Unit = {
    println(name)
  }

  val name = new Name("Snowy")
  println(name.length)
  printName(name)
}
```

Name 类具有一个名为 value 的不可变字段、一个返回名字长度的方法以及一个用于获取字符串表示的方法。如我们所预期的，printName()方法接收一个 Name 的实例。变量 name 的类型是 Name。让我们编译这段代码，并看一下字节码的相关部分：

```
    5: ldc            #76           // 字符串 Snowy
    7: invokespecial #79           // 方法
Name."<init>":(Ljava/lang/String;)V
   10: putfield       #71           // 字段名称:LName;
   13: getstatic      #64           // 字段
scala/Predef$.MODULE$:Lscala/Predef$;
   16: aload_0
   17: invokevirtual #81           // 方法 name:()LName;
   20: invokevirtual #85           // 方法 Name.length:()I
   23: invokestatic  #91           // 方法
scala/runtime/BoxesRunTime.boxToInteger:(I)Ljava/lang/Integer;
   26: invokevirtual #68           // 方法
scala/Predef$.println:(Ljava/lang/Object;)V
   29: aload_0
   30: aload_0
```

```
31: invokevirtual #81                    // 方法 name:()LName;
34: invokevirtual #93                    // 方法 printName:(LName;)V
37: return
```

没有什么意外的——编译器创建了一个 Name 类的实例，调用了该实例上的 length()
方法，并将该实例传递给了 printName() 方法。Name 是一个完整的类。值类给了我们抽象
的好处，但是底层仍然被表示为一个原始值（像 String、Int 等）。

通过将 Name 类重写为值类（因为它只是用来包装一个字符串），我们可以在获得抽象的
好处的同时，在字节码级别将其保留为原始值。下面是对 Name 类进行的修改。

```
class Name(val value: String) extends AnyVal {
```

现在，让我们编译这段代码，并再次查看相关的字节码：

```
1: ldc              #78                  // 字符串 Snowy
3: putfield         #75                  // 字段
name:Ljava/lang/String;
6: getstatic        #64                  // 字段
scala/Predef$.MODULE$:Lscala/Predef$;
9: getstatic        #83                  // 字段名称$.MODULE$:LName$;
12: aload_0
13: invokevirtual #85                    // 方法
name:()Ljava/lang/String;
16: invokevirtual #89                    // 方法
Name$.length$extension:(Ljava/lang/String;)I
19: invokestatic  #95                    // 方法
scala/runtime/BoxesRunTime.boxToInteger:(I)Ljava/lang/Integer;
22: invokevirtual #72                    // 方法
scala/Predef$.println:(Ljava/lang/Object;)V
25: aload_0
26: aload_0
27: invokevirtual #85                    // 方法
name:()Ljava/lang/String;
30: invokevirtual #97                    // 方法
printName:(Ljava/lang/String;)V
33: return
```

在源代码的一个小小更改，但是在字节码级别上，其效率却要高出很多。在源代码级别
上，printName() 方法仍然接受的是一个 Name 类的实例，但是在字节码级别上，它现在接
受的是一个 String 的实例。同样，对 length() 方法的调用也从对实例上方法的调用变成
了对一个扩展方法的调用。此外，变量 name 的类型现在是 String，而不是 Name。

再强调一次，值类有助于消除实例化，但是同时也有助于在代码中创建更好的抽象。

这相当干净，但不要假设值类总能够避免实例创建。Scala 虽然努力优化代码并消除实例
化，但是，有时它还是会为值类创建实例。

如果将值类的值赋值给另一种类型，或者将其看作是另一种类型，那么 Scala 将会创建

值类的实例。例如，尝试将下面的代码添加到前面的例子中。

```
val any: Any = name
```

如果你编译并检查字节码，你就会发现，创建了一个 Name 类的实例。为了将一个值看作是 Any 类型，或者除了继承自其底层原始类型（在这个例子中是 String）之外的任何类型，那么 Scala 都将会创建值类的实例。同样地，如果赋值给一个数组，或依赖其运行时类型信息来作决定，那么 Scala 也会创建值类的实例。

因为 Scala 不保证不会创建对象，所以知道是否会有开销看起来似乎相当具有挑战性的。你可能想要知道你是否应该每次都看一下字节码——不要担心。Scala 只会在这些情况下创建实例，并且对大多数的情况来说，它都将会优化代码。如果代码本身的性能已经非常好了，就不要担心是否完成了特定的优化。如果代码的性能需要改进，要根据实际的使用情况而不是信念来进行优化，然后再深入字节码中，以确保达到优化的目标。

5.7　使用隐式转换

让我们使用字符串插值器来创建一个隐式转换的实际例子。Scala 已经内置了一些不错的字符串插值器（参见 3.7 节），但是，使用在本章学到的概念，你也可以轻松地创建自定义插值器。我们将创建一个自定义的插值器，它将从处理的字符串中屏蔽掉选定的值。为了表明字符串插值可以返回任意类型的对象，而不仅仅是 String，我们将会返回一个 StringBuilder 作为字符串处理的结果。但是，首先让我们重温一下字符串插值，并以此来探索一些为了实现而需要的概念。

当 Scala 看到下面这种形式时，在分离了文本和表达式之后，编译器将其转换为对特殊的 StringContext 类上的函数调用。

```
interpolatorName"text1 $expr1 text2 $expr2"
```

实际上，它将上面的例子转换为下面的形式：

```
new StringContext("text1", "text2", "").interpolatorName(expr1, expr2)
```

被分离出的文本将会作为参数发送到 StringContext 的构造器中，并可以通过它的 parts 属性获取。而表达式将会作为参数发送给 StringContext 的方法，方法名就是插值器的名称。在发送到构造器的参数中时，每个参数都是表达式之前的一段文本，而最后一个参数表示最后一个表达式之后的文本。在这个例子中，它是空字符串（""），因为在最后一个表达式之后没有文本内容。

如我们之前所看到的，StringContext 已经提供的 3 个函数，分别是 s()、f() 和 raw()。我们将会创建一个名为 mask() 的新插值器，它只会部分显示所处理的字符串中选择的表达式。让我们首先使用这个插值器，就好像它是内置函数一样。从示例用法中了解了意图之后，我们就创建这个插值器。

MakingUseOfTypes/Mask.scala

```
import MyInterpolator._

val ssn = "123-45-6789"
val account = "0246781263"
val balance = 20145.23

println(mask"""Account: $account
  |Social Security Number: $ssn
  |Balance: $$^$balance
  |Thanks for your business.""".stripMargin)
```

对 println() 方法的调用接收一个由尚未编写的 mask 插值器产生的字符串。附加到 mask 字符串的是一个 heredoc（参见 3.6 节），以及文本和表达式。mask() 插值器将会返回一个 StringBuilder，每个表达式的字符串形式都已经转换好了，其中，除最后 4 个字符之外，所有字符都被替换成了 "..."，除非表达式前面带有插入符号（^）。在这个例子中，我们要求 mask() 函数通过在表达式前面放置一个插入符号来保留 balance 的值，但另外两个表达式（account 和 ssn）的显示都将会被修改。

要处理这个字符串，Scala 将会把使用 mask() 插值器的代码转换为：

```
new StringContext("Account:", "Social...", ...).mask(account, ssn, balance)
```

但是，在 StringContext 中没有 mask() 方法。这不应该阻碍我们的脚步。之前在 integer 中也没有 days() 函数，但我们也让 2 days ago 这样的代码生效了。所以，在这里我们也应用同样的隐式转换技巧。

因为编译器希望调用 StringContext 上的一个方法，因此，我们的隐式值类应该接受一个 StringContext 的实例作为其构造器的参数，并且实现 mask() 方法——这很简单。让我们来看一下代码。

MakingUseOfTypes/MyInterpolator.scala

```
object MyInterpolator {
  implicit class Interpolator(val context: StringContext) extends AnyVal {
    def mask(args: Any*): StringBuilder = {
      val processed = context.parts.zip(args).map { item =>
        val (text, expression) = item
        if (text.endsWith("^"))
          s"${text.split('^')(0)}$expression"
        else
          s"$text...${expression.toString takeRight 4}"
      }.mkString

      new StringBuilder(processed).append(context.parts.last)
```

```
        }
    }
}
```

隐式值类 Interpolator 寄居在单例对象 MyInterpolator 中。它接受 StringContext 的实例作为构造器参数，并且扩展了 AnyVal。

作为它的核心行为，mask() 方法将作为参数给定的表达式，以及通过 StringContext 的 parts 属性提供的文本部分结合在了一起。我们可以很容易地把这两个集合合并到一起——使用 zip() 函数。这个函数接受两个数组（这个例子中的文本部分和表达式部分），并产生一个元组的数组。元组中的每个元素都有一个文本和跟在文本后面的表达式。最后一个表达式后面的一个多余的文本会被 zip() 函数丢弃——我们将会在最后一步处理这个问题。我们使用了在第 1 章中就已经见过的 map() 方法，来将这个元组数组转换为一个组合后的字符串数组。当遍历每个文本表达式对的时候，如果文本以插入符号结尾，将会保持表达式的不变；否则，将会使用 takeRight() 方法将它替换为省略号并衔接上最后 4 个字符。最后，我们将字符串数组和 mkString() 方法相结合，并将跟在最后一个表达式后面的最后文本追加到结果的 StringBuilder 中。

让我们使用下面的命令编译并运行这段代码：

```
scalac MyInterpolator.scala mask.scala
scala UseInterpolator
```

我们的插值器产生的输出结果如下：

```
Account: ...1263
Social Security Number: ...6789
Balance: $20145.23
Thanks for your business.
```

这是一个小例子，但是它汇集了一些漂亮的概念。我们使用了单例、隐式值类、以函数式风格迭代和处理元素的 map() 函数以及自定义的字符串插值器等。

花点儿时间来摆弄上面的代码，改进它，引入更多的格式，然后实现它，并保持实现代码接近函数式风格。

5.8　小结

在本章中，我们讨论了 Scala 的静态类型以及它的类型推断能力。我们学习了 Scala 中的一些重要类型，以及利用隐式转换的方法。这些特性使代码简洁、具有表现力，并且还有助于良好的类型验证。理解了类型、类型推断和编写方法的惯用风格之后，我们已经为下一章的概念学习做好了充足的准备，享受其中，并进一步提高代码的简洁性。

第二部分

深入 Scala

是时候深入学习 Scala 了。读者将了解：

- 如何创建和使用函数值；
- 如何使用特质进行编程；
- 如何使用不同类型的集合；
- 如何使用模式匹配的能力；
- 如何进行尾调用优化。

第 6 章

函数值和闭包

在函数式编程中，函数是一等公民。函数可以作为参数值传入其他函数中，函数的返回值可以是函数，函数甚至可以嵌套函数。这些高阶函数在 Scala 中被称为函数值（function value）。闭包（closure）是函数值的特殊形式，会捕获或者绑定到在另一个作用域或上下文中定义的变量。

因为 Scala 同时支持面向对象和函数式风格编程，所以除了对象分解（即面向对象，分而治之），也可以将函数值作为构件块来构筑应用程序。这有利于写出简洁、可复用的代码。在本章中，我们将学习如何在 Scala 中使用函数值和闭包。

6.1　常规函数的局限性

函数式编程的核心就是函数或者所谓的高阶函数。为了了解这些是什么，让我们从一个熟悉的函数开始。

要算出从 1 到给定整数 number 区间内所有整数的总和，我们可能会编写代码如下：

```
def sum(number: Int) = {
  var result = 0
  for (i <- 1 to number) {
    result += i
  }
  result
}
```

这段代码我们很熟悉，我们都使用不同的编程语言写过类似的代码超过百万次了。这就是所谓的命令式风格——不仅要说明做什么，还要说明怎么做。这就要求你在底层的细节上耗费心力。在 Scala 中，可以在需要时写这种命令式代码，但并不局限于此。

虽然这段代码完成了工作，但它不可扩展。现在，如果额外需要计算给定区间内偶数的个数和奇数的个数，使用这段代码就会碰壁。我们会禁不住使用臭名昭著的代码复用模式——复制粘贴并修改。难堪吧！使用常规函数，我们做到这样也算是极致了，但这会导致代码重复、复用率低下。

让我们另辟蹊径来解决手头的这个简单问题。我们可以用函数式风格而不是命令式风格来编程解决这个问题。我们可以传递一个匿名函数给遍历区间中整数的函数。换句话说，我们利用了一个中间层。我们传递的函数可以拥有不同的逻辑，以在迭代中完成不同的任务。让我们用函数式风格重写前面的代码。

6.2　可扩展性与高阶函数

可以将其他函数作为参数的函数称为高阶函数。高阶函数能减少代码重复，提高代码复用性，简化代码。我们可以在函数中创建函数，将它们赋值给引用，并将它们传递给其他函数。Scala 内部通过创建特殊类实例的方式处理这些所谓的函数值。[①]在 Scala 中，函数值实际上就是对象。

让我们使用函数值重写上面的例子。有了这个新版本，我们就可以执行不同的操作，如对数值求和或者统计一个区间内偶数的个数。

首先，通过循环遍历区间，将公共代码提取成一个名为 totalResultOverRange() 的方法。

```scala
def totalResultOverRange(number: Int, codeBlock: Int => Int) = {
  var result = 0
  for (i <- 1 to number) {
    result += codeBlock(i)
  }
  result
}
```

我们为方法 totalResultOverRange() 定义了两个参数：第一个参数是 Int 类型的，表示要遍历的区间的上界；第二个参数有些特殊，它是一个函数值，参数的名称是 codeBlock，它的类型是接受 Int 并返回 Int 的函数。方法 totalResultOverRange() 的结果本身是一个 Int。

在符号=>左边指定了函数的预期输入类型，在其右边指定了函数的预期输出类型。"输入=>输出"这种语法形式旨在帮助我们将函数的作用视为接收输入并转换为输出且不产生任何副作用的过程。

在 totalResultOverRange() 方法的主体中，我们遍历区间内的数值，并对每个元素调用由变量 codeBlock 引用的函数。这个给定的函数期望接收一个表示区间内元素的 Int，并返回 Int 作为该元素上的计算结果。计算或操作本身留给 totalResultOverRange() 方法的调用者定义。我们对给定函数值的调用结果求和，并返回该总数。

[①] 在 Scala 2.12.x 中，Scala 利用了 java.lang.invoke.LambdaMetafactory，在大多数情况下都不需要为函数生成匿名内部类。——译者注

totalResultOverRange()方法中的代码移除了 6.1 节的例子中的重复代码。下面展示了我们如何调用该方法来获取区间内数值的总和：

```
println(totalResultOverRange(11, i => i))
```

我们将两个参数传递给该方法：第一个参数是所遍历的区间上限（11）；第二个参数实际上是一个匿名的即时函数（just-in-time function），即一个没有名称只有参数和实现的函数。在这个例子中，实现只是返回了给定的参数。在这个例子中，符号=>的左边是参数列表，右边是实现。Scala 能够从 totalResultOverRange()方法的参数列表中推断出参数 i 是 Int 类型的。如果参数的类型或结果类型与预期的不匹配，Scala 会给出一个错误。

对于一个简单的数值求和过程，与调用之前写的普通函数 sum()相比，调用 totalResultOverRange()方法需要一个数和一个函数作为参数就显得太笨重了。然而，新版本是可扩展的，我们可以用类似的方式调用它来完成其他操作。例如，如果我们想要对区间内的偶数求和而不是求总和，就可以像下面这样调用这个函数：

```
println(totalResultOverRange(11, i => if (i % 2 == 0) i else 0))
```

在这个例子中，如果输入是偶数，那么作为参数传入的函数值会返回输入本身；否则返回 0。因此，函数 totalResulOverRange()将只会对给定区间内的所有偶数求和。

如果我们想要对奇数求和，就可以用如下方式调用这个函数：

```
println(totalResultOverRange(11, i => if (i % 2 == 0) 0 else i))
```

与 sum()函数不同，我们看到了如何扩展 totalResultOverRange()函数，从而在指定区间上使用不同的元素选取策略求和。

这是使用高阶函数实现中间层的直接好处之一。

函数和方法可以具有任意个数的函数值参数，它们可以是任何参数，而不仅仅是最后一个参数。

使用函数值就很容易使代码符合 DRY（Don't Repeat Yourself）原则（有关 DRY 原则的更多信息，参见 Andrew Hunt 和 David Thomas 的 *The Pragmatic Programmer: From Journeyman to Master*[1][HT00]一书）。我们将公共代码收集到函数中，并将差异转化为方法调用的参数。接受函数值的函数和方法在 Scala 库中司空见惯，我们将在第 8 章中看到许多。Scala 可以轻松地将多个参数传递给函数值，如果需要，也可以定义参数的类型。

6.3 具有多个参数的函数值

在前面的示例中，函数值只接收一个参数。函数值其实可以接收零个或多个参数。我们

---
① 中文版书名为《程序员修炼之道》。——译者注

看几个例子，来了解一下如何使用不同数量的参数定义函数值。

在其最简单的形式中，函数值甚至可以不接收任何参数，只返回一个结果。这样的函数值就像一个工厂，它构造并返回一个对象。让我们看一个没有参数的函数值是怎样定义和使用的例子：

```
def printValue(generator: () => Int): Unit = {
  println(s"Generated value is ${generator()}")
}

printValue(() => 42)
```

对于 `printValue()` 这个函数，我们定义了一个名为 generator 的参数，这个参数是一个函数值，它用一对空的括号表示它不接受任何参数，并返回一个 Int。在这个函数中，我们像调用其他函数一样调用这个函数值，就像这样：`generator()`。在对 `printValue()` 函数的调用中，我们创建了一个不接受任何参数并返回一个固定值 42 的函数值。这个函数值也可以返回一个随机值、新创建的值或者预缓存的值，而非一个固定值。

我们已经知道如何传递零个或一个参数。要传递多个参数，我们需要在定义中提供逗号分隔的参数类型列表。让我们看一个例子，inject() 函数将对 Int 数组中一个元素的操作结果传递给对下一个元素的操作。这是一种依次在每一个元素的操作上级联或累加结果的方式。

```
def inject(arr: Array[Int], initial: Int, operation: (Int, Int) => Int) = {
  var carryOver = initial
  arr.foreach(element => carryOver = operation(carryOver, element))
  carryOver
}
```

inject() 方法有 3 个参数，即 Int 数组、注入 operation 中的初始 Int 值以及作为函数值的 operation 本身。在该方法中，我们将变量 carryOver 设置为初始值，并使用 foreach() 方法循环遍历给定数组中的元素。该方法接受一个函数值作为参数，它将数组中的每个元素作为参数值调用。在作为参数传递给 foreach() 的函数中，我们使用两个参数（carryOver 和当前的元素）来调用给定的操作。我们将操作调用的结果保存到变量 carryOver 中，以便在随后的操作调用中把这个值当作参数来传递。当我们为数组中每个元素都调用了一遍这个操作后，我们返回 carryOver 的最终值。

我们来看几个使用 inject() 方法的例子。下面演示了如何对数组中的元素进行求和：

```
val array = Array(2, 3, 5, 1, 6, 4)
val sum = inject(array, 0, (carry, elem) => carry + elem)
println(s"Sum of elements in array is $sum")
```

inject() 方法的第一个参数是一个数组，我们要对这个数组的元素求和。第二个参数是总和的初始值 0。第三个参数是一个用于实现对元素求和操作的函数，每次作用在一个元素上。如果不是求所有元素总和而是要找到所有元素中的最大值，我们同样也可以用 inject() 方法：

```
val max = inject(array, Integer.MIN_VALUE, (carry, elem) => Math.max(carry, elem))
println(s"Max of elements in array is $max")
```

作为参数值传递给第二次调用的 inject() 函数的函数值会返回传给它的两个参数中的较大值。

下面是前面两次调用 inject() 方法的输出：

```
Sum of elements in array is 21
Max of elements in array is  6
```

上面的例子帮助我们了解了如何传递多个参数。然而，为了遍历集合中的元素并执行操作，我们不必去实现自己的 inject() 方法。Scala 标准库已经内置了这种方法。即 foldLeft() 方法。下面是使用内置的 foldLeft() 方法来获取数组中元素的总和和最大值的例子：

```
val array = Array(2, 3, 5, 1, 6, 4)

val sum = array.foldLeft(0) { (sum, elem) => sum + elem }
val max = array.foldLeft(Integer.MIN_VALUE) { (large, elem) =>
  Math.max(large, elem)
}

println(s"Sum of elements in array is $sum")
println(s"Max of elements in array is $max")
```

为了使代码更加简洁，Scala 选择了一些方法并为它们定义了一些简称和记号。foldLeft() 方法有一个等效的 /: 操作符。我们可以用 foldLeft() 或等效的 /: 操作符执行先前的操作。以冒号（:）结尾的方法在 Scala 中有特殊含义，8.5 节将介绍相关知识。让我们快速浏览一下如何使用该等效操作符而不是 foldLeft()：

```
val sum = (0 /: array) ((sum, elem) => sum + elem)
val max =  (Integer.MIN_VALUE /: array) { (large, elem) => Math.max(large, elem) }
```

细心的读者可能已经注意到函数值被放到了大括号中，而不是和使用 foldLeft() 方法时一样作为一个参数。这比将这些函数作为参数放在括号中好看多了。但是，如果在 inject() 方法上尝试以下操作，我们将收到错误提示。

FunctionValuesAndClosures/Inject3.scala

```
val sum = inject(array, 0) { (carryOver, elem) => carryOver + elem }
```

上面的代码将导致以下错误：

```
Inject3.scala:9: error: not enough arguments for method inject: (arr:
Array[Int], initial: Int, operation: (Int, Int) => Int)Int.
Unspecified value parameter operation.
val sum = inject(array, 0) {(carryOver, elem) => carryOver + elem}
                           ^
one error found
```

这不是我们想要看到的。在享用那种和库方法一样的大括号效果之前，我们必须再学习一个概念——柯里化（currying）。

6.4 柯里化

Scala 中的柯里化（currying）会把接收多个参数的函数转化为接收多个参数列表的函数。如果你会用同样的一组参数多次调用一个函数，你就能用柯里化去除噪声并使代码更加有趣。

我们来看一下 Scala 对柯里化做了怎样的支持。编写一个带有多个参数列表，每个参数列表只有一个参数的方法，而不要编写一个带有一个参数列表，含有多个参数的方法；在每个参数列表中，也可以接受多个参数。也就是说，要写成这样 def foo(a: Int)(b: Int)(c: Int) {}，而不是 def foo(a: Int, b: Int, c: Int) = {}。你可以这样调用，如 foo(1)(2)(3)、foo(1){2}{3}，甚至可以是 foo{1}{2}{3}。

我们来检验一下，在用多个参数列表定义一个方法时，到底发生了什么。看一下下面这个交互式 REPL 会话：

```
scala> def foo(a: Int)(b: Int)(c:Int) = {}
foo: (a: Int)(b: Int)(c: Int)Unit

scala> foo _
res0: Int => (Int => (Int => Unit)) = <function1>

scala> :quit
```

首先按照前面讨论过的，我们定义了函数 foo()。然后我们调用 foo _ 创建了一个部分应用函数（partially applied function）（就是含有一个或多个未绑定参数的函数）。部分应用函数在从其他函数创建可复用的临时便利函数时非常有用（我们将在 6.8 节中探讨更多细节）。我们本可以将创建好的部分应用函数赋值给一个变量，但在这个例子中这并不重要。我们专注于 REPL 中的信息。它展示了一系列（3 次）转换。链路中的每一个函数都接收一个 Int 参数，并返回一个部分应用函数。然而最后一个是例外，它返回一个 Unit。

在我们使用柯里化时部分应用函数的创建是 Scala 的内部逻辑。从实用的角度，柯里化帮助我们改善了传递函数值的语法。让我们用柯里化重写前一节中的 inject() 方法。

FunctionValuesAndClosures/Inject4.scala

```
def inject(arr: Array[Int], initial: Int)(operation: (Int, Int) => Int): Int = {
  var carryOver = initial
  arr.foreach(element => carryOver = operation(carryOver, element))
  carryOver
}
```

两个版本的 inject() 方法的唯一区别在于参数列表变成了多个。第一个参数列表接收两个参数，第二个只接收一个函数值。

现在我们就没有必要再在括号中以逗号分隔的参数传递函数值了。我们可以用更美观的大括号来调用这个方法。

FunctionValuesAndClosures/Inject4.scala

```
val sum: Int = inject(array, 0) { (carryOver, elem) => carryOver + elem }
```

我们成功地使用柯里化将函数值从括号中移了出来。非常美观，但我们还可以更进一步——如果说函数值中的参数只使用一次，其本身可以更加简洁，且看 6.5 节。

6.5 参数的占位符

Scala 用下划线（ _ ）这个记号来表示一个函数值的参数。一开始下划线或许会让你觉得很隐晦，你一旦习惯了，就会发现这种写法能让代码变得简洁且容易修改。你可以用这个符号表示一个参数，但只有在你打算在这个函数值中只引用这个参数一次时可以这样做。你可以在一个函数值中多次使用下划线，但每个下划线都表示相继的不同参数。我们来看一个这个特性的例子。在下面的代码中，我们有一个带有两个参数的函数值。

FunctionValuesAndClosures/Underscore.scala

```
val arr = Array(1, 2, 3, 4, 5)

val total = (0 /: arr) { (sum, elem) => sum + elem }
```

在这个例子中，方法/:用于计算变量 arr 表示的数组中元素的和。在这个函数值中，我们对 sum 和 elem 参数都只使用一次。我们可以用下划线来替代这两个名字，而不需要为这两个参数显式命名。

FunctionValuesAndClosures/Underscore.scala

```
val total = (0 /: arr) { _ + _ }
```

_的第一次出现代表第一个参数（sum），这个值在函数的调用中产生并传递到下一次调用。第二次出现代表第二个参数（elem），它是数组中的一个元素。

让我们慢慢领会其中的含义——如果你觉得它表意隐晦，也很正常。一旦你很好地理解了其中的含义，那么它的可读性就会提升，也将会成为编写 Scala 代码时习以为常的细节。

当显式定义参数时，除了提供参数名，还可以定义参数的类型。当使用下划线时，名字和类型都会被隐式指定。如果 Scala 无法断定类型，它就会报错。在那种情况下，可以给_指定类型，也可以使用带类型的参数名。

有人或许会认为使用下划线代码太精简且难以阅读——sum 和 elem 这样的名字就非常有助于理解代码。这是一个正确的观点。但是，与此同时，尤其是在单个变量只出现一次时，给变量命名并马上使用这个参数就没有那么有用了。在这种情况下，你或许更想用 _。要在合适的地方使用 _，以使代码简洁且不失可读性，例如，下面这个例子。

FunctionValuesAndClosures/Underscore.scala
```
val negativeNumberExists1 = arr.exists { elem => elem < 0 }
val negativeNumberExists2 = arr.exists { _ < 0 }
```

下划线替换了显式参数 elem，并减少了函数值中的噪声。我们还可以用其他手段进一步减少代码中的噪声，且看 6.6 节。

6.6　参数路由

只要有意义，你有很多办法把自己见过的函数值变得更简洁。我们先创建一个在一组值中找最大值的例子，在其中使用 Math.max 方法来比较两个值（以获得其中较大者）。
```
val largest =
  (Integer.MIN_VALUE /: arr) { (carry, elem) => Math.max(carry, elem) }
```
在这个函数值中，我们把参数 carry 和 elem 传递给方法 max() 方法以判定这两个值哪个更大。我们使用计算的结果，最终算出数组中最大的元素。应用在 6.5 节中所学到的知识，我们可以像下面这样使用 _ 简化函数值并减少显式参数：
```
val largest = (Integer.MIN_VALUE /: arr) { Math.max(_, _) }
```
_ 不仅能表示单个参数，也能表示整个参数列表。因此我们可以将对 max() 的调用改成如下形式：
```
val largest = (Integer.MIN_VALUE /: arr) { Math.max _ }
```
上面的代码中，_ 表示整个参数列表，也就是(参数 1，参数 2)。如果只是为了按照同样的顺序将接收到的参数传递给底层的方法，我们甚至不需要 _ 这种形式。我们可以进一步简化前面的代码：
```
val largest = (Integer.MIN_VALUE /: arr) { Math.max }
```
为了验证这段代码在语法上的正确性，Scala 编译器做了很多工作。首先，编译器会检查方法/:的函数签名，该签名决定了该方法接收两个参数列表——第一个参数列表接收一个对象，第二参数列表接收一个函数值。然后，编译器会要求这个函数值接收两个参数。一旦编译器推导出所接收的函数值的签名，那么它就会检查这个函数值是否接收两个参数。本例中的函数值没有用=>符号，我们只提供了一个实现，尽管我们没有指定 max() 方法的参数，但是编译器也会知道这个方法接收两个参数。编译器让函数签名中的两个参数和 max() 方法的两个参数对号入座，并最终执行正确的参数路由。

在编译检查期间，如果其中任何一步的类型推断失败，编译器都会报错。例如，假设我们在函数值中调用了一个接收两个参数的方法，但是我们一个参数都没指定。在这种情况下，编译器就会报错说，即使算上隐式参数，目前也没有足够的参数传递给这个方法。

调整 Scala 的简洁度到一个折中点，以达到你对可读性的要求。在利用 Scala 代码简洁性的同时，不要让代码变得含义模糊，一定要尽力保持在一个平衡点上。

我们已经了解了定义函数值的不同方式。函数值很简洁，但是在不同的调用中重复同一个函数值就会导致代码冗余。我们来看一下去除这种冗余的各种方法。

6.7 复用函数值

函数值能够帮助我们写出复用度更高的代码并消除代码冗余。但是，将一段代码作为参数嵌入方法中并不能做到代码复用。避免这种冗余很简单——可以创建对函数值的引用，然后复用它们。让我们看一个例子。

我们来创建一个 Equipment 类，它接收一段计算逻辑用作模拟。可以将计算逻辑作为函数值传递给构造器。

FunctionValuesAndClosures/Equipment.scala

```
class Equipment(val routine: Int => Int) {
  def simulate(input: Int): Int = {
    print("Running simulation...")
    routine(input)
  }
}
```

在创建 Equipment 的实例时，我们可以将函数值作为一个参数传递给构造器，像下面这样。

FunctionValuesAndClosures/EquipmentUseNotDry.scala

```
object EquipmentUseNotDry extends App {
  val equipment1 = new Equipment(
    { input => println(s"calc with $input"); input })
  val equipment2 = new Equipment(
    { input => println(s"calc with $input"); input })

  equipment1.simulate(4)
  equipment2.simulate(6)
}
```

输出结果如下：

```
Running simulation...calc with 4
Running simulation...calc with 6
```

在这段代码中，我们想在两个 Equipment 实例中使用相同的计算代码。遗憾的是，这段计算代码重复了。这段代码并不遵循 DRY 原则，如果想改变计算逻辑，我们就必须两个一起改。如果计算逻辑只写一次，然后复用，就非常好。我们可以把这个函数值赋值给一个 val 变量，以便复用，如下所示。

FunctionValuesAndClosures/EquipmentUseDry.scala

```
object EquipmentUseDry extends App {
  val calculator = { input: Int => println(s"calc with $input"); input }

  val equipment1 = new Equipment(calculator)
  val equipment2 = new Equipment(calculator)

  equipment1.simulate(4)
  equipment2.simulate(6)
}
```

输出结果如下：

```
Running simulation...calc with 4
Running simulation...calc with 6
```

我们把函数值存储在了一个名为 calculator 的引用中。在定义这个函数值的时候，需要在类型信息上做一些标注。在前一个例子中，Scala 根据调用的上下文推导出了参数 input 的类型是 Int。但是，因为我们将这个函数值定义为一个独立的 val 变量，所以我们必须告诉 Scala 参数的类型是什么。然后我们将这个引用的名字作为一个参数传递给我们创建的两个实例的构造器中。

在前面的例子中，我们给函数值创建了一个名为 calculator 的引用。因为我们已经习惯了在函数或者方法中定义引用或者变量，所以这样做会让我们觉得更加自然。然而，在 Scala 中，我们可以在函数中定义完整的函数。因此，为了达到代码复用的目的，还有一种更加符合习惯的方法。Scala 的灵活性能够让我们做正确的事更加容易。我们可以在预期接收函数值的地方传入一个常规函数。

FunctionValuesAndClosures/EquipmentUseDry2.scala

```
object EquipmentUseDry2 extends App {
  def calculator(input: Int) = { println(s"calc with $input"); input }

  val equipment1 = new Equipment(calculator)
  val equipment2 = new Equipment(calculator)

  equipment1.simulate(4)
  equipment2.simulate(6)
}
```

我们将计算逻辑创建为一个函数，在创建这两个实例的时候，将函数名作为参数传递给构造器。在 Equipment 类中，Scala 很自然地将函数名视为函数值的引用。

在使用 Scala 编程时，我们不需要在良好的设计原则和代码质量之间做折中。Scala 反而提倡良好的实践，我们在编码时应该利用 Scala 的特性努力做到这一点。

没有必要把函数值赋值给变量，直接传递函数名就可以了，这是复用函数值的一种方式，6.8 节中将会介绍其他方式。

6.8　部分应用函数

调用一个函数，实际上是在一些参数上应用这个函数。如果传递了所有期望的参数，就是对这个函数的完整应用，就能得到这次应用或者调用的结果。然而，如果传递的参数比所要求的参数少，就会得到另外一个函数。这个函数被称为部分应用函数。部分应用函数使绑定部分参数并将剩下的参数留到以后填写变得很方便。下面是一个例子。

FunctionValuesAndClosures/Log.scala

```scala
import java.util.Date

def log(date: Date, message: String): Unit = {
  //...
  println(s"$date ---- $message")
}

val date = new Date(1420095600000L)
log(date, "message1")
log(date, "message2")
log(date, "message3")
```

在这段代码中，log() 方法接收两个参数，即 date 和 message。我们想多次调用这个方法，date 的值保持不变但 message 每次用不同的值。将 date 参数部分应用到 log() 方法中，就可以去除每次调用都要传递同样的 date 参数这类语法噪声。

在下面的代码样例中，我们首先把一个值绑定到了 date 参数上。我们使用_将第二个参数标记为未绑定。其结果是一个部分应用函数，然后我们将它存储到 logWithDateBound 这个引用中。现在我们就可以只用未绑定的参数 message 调用这个新方法。

FunctionValuesAndClosures/Log.scala

```scala
val date = new Date(1420095600000L)
val logWithDateBound = log(date, _: String)
logWithDateBound("message1")
logWithDateBound("message2")
logWithDateBound("message3")
```

我们引入 Scala REPL，以帮助我们更好地理解从 log() 函数创建的部分应用函数：

```
scala> import java.util.Date
import java.util.Date

scala> def log(date: Date, message: String) =  println(s"$date ----
$message")
log: (date: java.util.Date, message: String)Unit

scala> val logWithDateBound = log(new Date, _ : String)
logWithDateBound: String => Unit = <function1>

scala> :quit
```

从 REPL 显示的细节中我们可以知道，变量 `logWithDateBound` 是一个函数的引用，这个函数接收一个 `String` 作为参数并返回一个 `Unit` 作为结果。

当创建一个部分应用函数的时候，Scala 在内部会创建一个带有特殊 `apply()` 方法的新类。在调用部分应用函数的时候，实际上是在调用那个 `apply()` 方法，`apply()` 方法的更多细节可以参考 8.1 节。在 Actor 中接收消息进行模式匹配的时候，Scala 会大量应用偏函数[1]，详见第 13 章。

接下来我们深入研究一下函数值的作用域。

6.9　闭包

在前面的例子中，在函数值或者代码块中使用的变量和值都是已经绑定的。你明确地知道它们所绑定的（实体），即本地变量或者参数。除此之外，你还可以创建带有未绑定变量的代码块。这样的话，你就必须在调用函数之前，为这些变量做绑定。但它们也可以绑定到或者捕获作用域和参数列表之外的变量。这也是这样的代码块被称之为闭包（closure）的原因。

我们来看一下本章中见过的 `totalResultOverRange()` 方法的一个变体。在本例中，方法 `loopThrough()` 会遍历从 1 到一个给定的数 number 之间的元素。

FunctionValuesAndClosures/Closure.scala

```
def loopThrough(number: Int)(closure: Int => Unit): Unit = {
  for (i <- 1 to number) { closure(i) }
}
```

`loopThrough()` 方法的第二个参数是一个代码块，对于从 1 到它的第一个参数间的每一个元素，它都会调用这个代码块。让我们来定义一个代码块，并传递给这个方法。

FunctionValuesAndClosures/Closure.scala

```
var result = 0
val addIt = { value: Int => result += value }
```

---

[1] 偏函数和部分应用函数并不是一个概念，这里提及，是为了提醒读者二者的区别。——译者注

在上面的代码中，我们定义了一个代码块，并把它赋值给名为 `addIt` 的变量。在这个代码块中，变量 `value` 绑定到了参数上，但变量 `result` 在代码块或者参数列表中并没有定义，它实际上绑定到了代码块之外的变量 `result`。代码块中的变量延伸并绑定到了外部的变量。下面演示了如何在 `loopThrough()` 方法的调用中使用这个代码块。

FunctionValuesAndClosures/Closure.scala

```
loopThrough(10) { elem => addIt(elem) }
println(s"Total of values from 1 to 10 is $result")

result = 0
loopThrough(5) { addIt }
println(s"Total of values from 1 to 5 is $result")
```

当我们把闭包传递给 `loopThrough()` 方法时，参数 `value` 绑定到了 `loopThrough()` 传递过来的参数上，与此同时，`result` 绑定到了 `loopThrough()` 的调用者所在的上下文中的变量。

这种绑定并不会复制相应变量的当前值，实际上会绑定到变量本身。如果我们把 `result` 的值重置为 0，那么闭包也会受到这种改变的影响。并且，在闭包中给 `result` 赋值时，我们也能在主代码中看到相应的值。下面是另外一个例子，其中的闭包绑定到了另外一个变量 `product`。

FunctionValuesAndClosures/Closure.scala

```
var product = 1
loopThrough(5) { product *= _ }
println(s"Product of values from 1 to 5 is $product")
```

在这个例子中，`_` 指代 `loopThrough()` 方法传递进来的参数，`product` 绑定到了 `loopThrough()` 方法的调用者所在的上下文中名为 `product` 的变量上。下面是对 `loopThrough()` 进行 3 次调用的输出结果：

```
Total of values from 1 to 10 is 55
Total of values from 1 to 5 is 15
Product of values from 1 to 5 is 120
```

在本章中，我们已经取得很大进展了，学习了函数值以及如何使用它们。现在让我们运用一种设计模式在实战中使用函数值。

6.10 Execute Around Method 模式

Java 程序员对同步代码块（`synchronized block`）比较熟悉。当我们进入一个同步代码块时，会在指定的对象上获得一个监视器（monitor），即锁（lock）。在我们离开这个代码块时，监视器会自动释放。即使代码块中抛出了一个没有被处理的异常，释放操作也还是会发生。这种确定性的行为不仅仅在这个特定的例子中，在别的很多场景中也非常有用。

感谢函数值，你可以在 Scala 中非常简单地实现这种结构。我们来看一个例子。

我们有一个名为 Resource 的类，它需要自动启动某个事务，并在使用完对象之后立刻确定性地结束该事务。我们可以依赖构造器来正确地启动事务。具有挑战性的是结束部分。而这正好就是 Execute Around Method 模式（详见 Kent Beck 的 *Smalltalk Best Practice Patterns* [Bec96]）。我们想要在一个对象上的任意操作前后执行一对操作。

在 Scala 中，我们可以用函数值实现这种模式。下面这段代码是 Resource 类和它的伴生对象。关于伴生对象的细节，参见 4.6.2 节。

FunctionValuesAndClosures/Resource.scala

```scala
class Resource private () {
  println("Starting transaction...")
  private def cleanUp(): Unit = { println("Ending transaction...") }
  def op1(): Unit = println("Operation 1")
  def op2(): Unit = println("Operation 2")
  def op3(): Unit = println("Operation 3")
}

object Resource {
  def use(codeBlock: Resource => Unit): Unit = {
    val resource = new Resource
    try {
      codeBlock(resource)
    } finally {
      resource.cleanUp()
    }
  }
}
```

我们把 Resource 类的构造器标记为 private。因此，我们不能在这个类和它的伴生对象之外创建它的实例。这种设计可以强制我们以某种方式使用对象，以保证自动的、确定性的行为。cleanUp() 方法也声明为 private。其中的 println 语句只用来作为真实事务操作的占位符。事务在构造器被调用的时候开始，在 cleanUp() 被隐式调用的时候结束。Resource 类中可用的实例方法有 op1()、op2() 等。

在伴生对象中，我们有一个名为 use() 的方法，它接收函数值作为参数。在 use() 方法中，我们创建了 Resource 的一个实例。在 try 和 finally 之间，我们把这个实例传递给了给定的函数值。在 finally 代码块中，我们调用了 Resource 的私有实例方法 cleanUp()。相当简单，对吧？为了提供对一些必要操作的确定性调用，这样做就可以了。

现在，我们来看一下如何使用 Resource 类。下面是一些示例代码。

FunctionValuesAndClosures/Resource.scala

```scala
Resource.use { resource =>
  resource.op1()
```

```
    resource.op2()
    resource.op3()
    resource.op1()
}
```

输出结果如下：

```
Starting transaction...
Operation 1
Operation 2
Operation 3
Operation 1
Ending transaction...
```

我们调用了 Resource 伴生对象中的 use() 方法，并传递了一个代码块作为参数。它会把 Resource 的一个实例传递给我们。在我们开始访问实例的同时，事务就被启动了。我们在 Resource 的实例上调用所需的方法，如 op1() 和 op2()。调用结束之后，也就是我们离开代码块的时刻，use() 方法将会自动地调用 Resource 中的 cleanUp() 方法。

前面提到的设计模式的一个变种是借贷模式（Loan pattern）。在你想确定性地处理非内存资源时，使用这种设计模式。（这种设计模式的核心思想是，）资源密集型对象可以被看作是借来的，（使用完毕后）我们应该用合理的方式归还。

下面是使用这种模式的一个例子。

FunctionValuesAndClosures/WriteToFile.scala

```
import java.io._

def writeToFile(fileName: String)(codeBlock: PrintWriter => Unit): Unit = {
  val writer = new PrintWriter(new File(fileName))
  try { codeBlock(writer) } finally { writer.close() }
}
```

现在我们可以使用 writeToFile() 函数向一个文件写入一些内容。

FunctionValuesAndClosures/WriteToFile.scala

```
writeToFile("output/output.txt") { writer =>
  writer write "hello from Scala"
}
```

在运行这段代码后，文件 output.txt 中的内容如下：

```
hello from Scala
```

作为 writeToFile() 方法的用户，我们不必再担心关闭文件了。在这段代码中，文件像是借给我们使用的一样。我们可以向给定的 PrintWriter 实例写入（内容），并且在从代码块返回的时候，文件会自动被该方法关闭。

6.11 小结

在本章中，我们探讨了与函数值相关的概念。在 Scala 中，函数是一等公民。我们可以用代码块来增强另一个函数的功能，可以用代码块来指定谓词、查询以及在方法中实现逻辑约束，可以用代码块来改变方法的控制流，如遍历集合。我们还学习了 Execute Around Method 这种设计模式，不管是在自己的代码中，还是在使用 Scala 的标准库时（这种情况最常见），我们都会在 Scala 中经常遇到这种有价值的设计模式。在下一章中，我们将介绍 Scala 中另一个有趣的特性——特质。

Java 只允许单继承，这会强制建立一种线性的层次结构模型。但现实世界中充满了横切关注点（crosscutting concerns）——一种横切且影响多个抽象的概念，这些抽象并不同属于某个单一的类层次结构[1]。在典型的企业级应用程序中，安全、日志记录、验证、事务以及资源管理都是这些横切关注点的应用场景。但是，因为我们受限于单一的类层次结构，所以实现这些横切关注点变得相当困难，往往需要代码上的重复或者引入重量级工具[2]。Scala 使用特质（trait）解决了这个问题。

特质类似于带有部分实现的接口，提供了一种介于单继承和多继承的中间能力，因为可以将它们混入或包含到其他类中。通过这种能力，可以使用横切特性增强类或者实例。如我们将在本章中所学习到的，通过 Scala 的特质，可以将横切关注点应用于任意类，并且免去了从多个实现继承产生的痛苦。

7.1 理解特质

特质是一种可以混入或者同化到类层次结构中的行为。例如，要做一个关于朋友的抽象建模，我们可以将一个 Friend 特质混入任何的类中，如 Man、Woman、Dog 等，而又不必让所有这些类都继承同一个公共基类。

为了理解特质的优点，我们先设计一个不使用特质的例子。我们将从 Human 类开始，并使其变得"友好"。在最简单的形式中，朋友就是倾听我们的人。为了支持这种抽象，下面是我们给 Human 类添加的 listen 方法。

---

① 即横跨应用程序中多个模块的特性。——译者注
② 这是一种设计模式，AspectJ 和 Spring AOP 对其提供了支持。——译者注

```
class Human(val name: String) {
  def listen(): Unit = println(s"Your friend $name is listening")
}

class Man(override val name: String) extends Human(name)
class Woman(override val name: String) extends Human(name)
```

这段代码的一个缺点是"友好"这个特点并不凸显，而且被合并到了 Human 类中。此外，经过几个星期的开发，我们发现我们忘记了人类最好的朋友。狗是人类的好朋友——当我们需要减压时，它们会安静地倾听。但是，在当前的设计中，我们很难让狗成为一个"朋友"。因为我们不能为此让 Dog 继承 Human。

这就是 Scala 的特质派上用场的地方了。特质类似于一个带有部分实现的接口。我们在特质中定义并初始化的 val 和 var 变量，将会在混入了该特质的类的内部被实现。任何已定义但未被初始化的 val 和 var 变量都被认为是抽象的，混入这些特质的类需要实现它们。我们可以将 Friend 这个概念重新实现为一个特质。

UsingTraits/Friend.scala

```
trait Friend {
  val name: String
  def listen(): Unit = println(s"Your friend $name is listening")
}
```

在这里，我们将 Friend 定义为一个特质。它有一个名为 name 的 val（不可变变量），并且它是抽象的。我们还有 listen() 方法的实现。name 的实际定义或者实现则将由混入了这个特质的类或者对象提供。让我们来看一下如何混入该特质。

UsingTraits/Human.scala

```
class Human(val name: String) extends Friend

class Woman(override val name: String) extends Human(name)
class Man(override val name: String) extends Human(name)
```

Human 类混入了 Friend 特质。如果一个类没有扩展任何其他类，则使用 extends 关键字来混入特质。Human 类以及它的派生类 Man 和 Woman 简单地使用了由 Friend 特质提供的 listen() 方法。你很快将会看到，我们可以按照自己意愿选择重写该方法的实现。

我们可以混入任意数量的特质。如果要混入额外的特质，要使用 with 关键字。如果一个类已经扩展了另外一个类（如在下一个示例中的 Dog 类），那么我们也可以使用 with 关键字来混入第一个特质。除了混入该特质之外，我们还重写了 Dog 类中的 listen() 方法（实际上继承自该特质）。

UsingTraits/Dog.scala

```
class Dog(val name: String) extends Animal with Friend {
  // 选择性重写方法
```

```
  override def listen(): Unit = println(s"$name's listening quietly")
}
```

Dog 类的基类是 Animal，在下面的代码中单独定义。

```
class Animal
```

我们可以在混入了某个特质的类实例上调用该特质的方法，同时也可以将指向这些类的引用视为指向该特质的引用。

```
object UseFriend extends App {
  val john = new Man("John")
  val sara = new Woman("Sara")
  val comet = new Dog("Comet")

  john.listen()
  sara.listen()
  comet.listen()

  val mansBestFriend: Friend = comet
  mansBestFriend.listen()

  def helpAsFriend(friend: Friend): Unit = friend.listen()

  helpAsFriend(sara)
  helpAsFriend(comet)
}
```

上述代码的输出结果如下：

```
Your friend John is listening
Your friend Sara is listening
Comet's listening quietly
Comet's listening quietly
Your friend Sara is listening
Comet's listening quietly
```

特质看起来和类相似，但是也有一些显著的差异。首先，特质要求混入了它们的类去实现在特质中已经声明但尚未初始化的（抽象的）变量（val 和 var）。其次，特质的构造器不能接受任何参数[1]。特质连同对应的实现类被编译为 Java 中的接口，实现类中保存了特质中已经实现的所有方法[2]。

---

[1] 在 Scala 的未来版本中，特质将可以接受参数了。——译者注

[2] 这段描述只对 Scala 2.11.x 及以前的版本有效，对 2.12.x 版本来说，Scala 编译器采用了新的方式来实现特质。——译者注

多重继承通常会带来方法冲突，而特质则不会。通过延迟绑定类中由特质混入的方法，就可以避免方法冲突。就像你很快将会看到的，在一个特质中，对 super 的调用将被解析成对另一个特质或混入了该特质的类方法的调用。

正如下面我们将学到的，特质不仅可以混入类中，也可以混入实例中。

7.2　选择性混入

在前面的例子中，我们将 Friend 特质混入到了 Dog 类中。因此，任何 Dog 类的实例都可以被看作是一个 Friend，也就是说，所有的 Dog 都是 Friend。

在某些场景下，这可能过于笼统了。如果我们想，我们也可以在实例级别有选择性地混入特质。在这种情况下，我们可以将某个类的特定实例视为某个特质的实例。让我们来看一个例子。

UsingTraits/Cat.scala

```
class Cat(val name: String) extends Animal
```

Cat 类没有混入 Friend 特质，因此我们不能将一个 Cat 类的实例看作是一个 Friend。如同我们在下面的代码中看到的，任何这样的尝试都会导致编译错误。

UsingTraits/UseCat.scala

```
object UseCat extends App {
  def useFriend(friend: Friend): Unit = friend.listen()

  val alf = new Cat("Alf")
  val friend: Friend = alf // 编译错误

  useFriend(alf) // 编译错误
}
```

（在编译时）我们将会看到下面的错误：

```
UseCat.scala:5: error: type mismatch;
 found    : Cat
 required: Friend
  val friend : Friend = alf // 编译错误
                 ^
UseCat.scala:7: error: type mismatch;
 found    : Cat
 required: Friend
  useFriend(alf) // 编译错误
           ^
two errors found
```

然而，Scala 确实为爱猫人士提供了帮助，可以将我们的特殊宠物——Angel，看作是一位 Friend。在创建实例时，只需要使用 with 关键字对其进行标记即可。

UsingTraits/TreatCatAsFriend.scala

```
def useFriend(friend: Friend): Unit = friend.listen()

val angel = new Cat("Angel") with Friend
val friend: Friend = angel
angel.listen()

useFriend(angel)
```

输出结果如下：

```
Your friend Angel is listening
Your friend Angel is listening
```

Scala 的特质给了开发人员很大的灵活性，可以将某个类的所有实例都看作是某个特质，也可以仅将特定的实例视为某个特质。如果想要将特质应用于已经存在的类、第三方提供的类，甚至是 Java 类，那么后者会非常有用。

接下来，我们将会看到如何使用特质来实现一种流行的设计模式。

7.3 使用特质实现装饰器模式

可以使用特质来装饰对象的能力，参见 Gamma 等人的 *Design Patterns: Elements of Reusable Object-Oriented Software*[①][GHJV95]中的装饰器模式（Decorator pattern）。装饰器模式可以在保持相对扁平的继承层次结构的同时，提供合理的扩展性。我们将使用一个例子来探讨这种设计模式，以及特质将如何在其中扮演重要的角色。

假设我们要对一项申请进行不同的检查——信用、犯罪记录、就业信息等。我们并不是在所有时候都想要进行所有检查。申请公寓可能需要检查信用历史以及犯罪记录，而就业申请则可能需要检查其犯罪记录以及之前的就业情况。如果我们为这些检查组合创建特定的类，那么我们最终将会为每种检查排列都创建几个类。此外，如果我们决定进行额外的检查，那么负责对应检查组合的类就必须得修改。不，我们希望避免这样的类扩散。通过只为每种场景混入必要的指定检查，我们可以高效地完成检查工作。让我们看一下如何做到这一点。

我们将创建一个抽象类 Check，它会对申请的详细信息进行常规检查。

UsingTraits/Decorator.scala

```
abstract class Check {
  def check: String = "Checked Application Details..."
}
```

---

① 中文版书名为《设计模式：可复用面向对象软件的基础》。——译者注

对于不同类型的检查，如信用、犯罪记录以及就业信息等，我们将创建像下面这样的一些特质。

UsingTraits/Decorator.scala

```
trait CreditCheck extends Check {
  override def check: String = s"Checked Credit... ${super.check}"
}

trait EmploymentCheck extends Check {
  override def check: String = s"Checked Employment...${super.check}"
}

trait CriminalRecordCheck extends Check {
  override def check: String = s"Check Criminal Records...${super.check}"
}
```

因为我们打算只将它们混入那些扩展自 Check 的类中，所以我们从 Check 扩展了这些特质。在 Scala 中，特质可以是独立的，也可以扩展自某个类。扩展为特质添加了两项能力：这些特质只能被混入那些扩展了相同基类的类中，以及我们可以在这些特质中使用基类的方法。

我们感兴趣的是增强或者装饰 check() 方法的实现，因此我们必须将其标记为 override。在我们的 check() 方法实现中，我们调用了 super.check() 方法。在特质中，使用 super 来调用方法将会触发延迟绑定（late binding）。这不是对基类方法的调用。相反，调用将会被转发到混入该特质的类中。如果混入了多个特质，那么调用将会被转发到混入链中的下一个特质中，更加靠近混入这些特质的类。在完成这个示例的时候，我们将会看到这个行为。

到目前为止，在这个例子中，我们有 1 个抽象类和 3 个特质。我们并没有任何具体的类——也不需要。如果我们想要对一项公寓申请执行检查，那么我们可以混用前面的特质的实例以及该 Check 抽象类。

UsingTraits/Decorator.scala

```
val apartmentApplication =
  new Check with CreditCheck with CriminalRecordCheck

println(apartmentApplication.check)
```

另外，我们也可以像下面这样，对就业申请进行检查。

UsingTraits/Decorator.scala

```
val employmentApplication =
  new Check with CriminalRecordCheck with EmploymentCheck

println(employmentApplication.check)
```

要运行不同组合的检查，我们只需要按照我们喜欢的方式来混入这些特质即可。让我们看一下在 apartmentApplication 和 employmentApplication 实例上调用 check() 方法的输出结果：

```
Check Criminal Records...Checked Credit...Checked Application Details...
Checked Employment...Check Criminal Records...Checked Application Details…
```

在这两个调用中，最右边的特质充当了第一个处理器，响应了对 check() 方法的调用。然后，它们调用了 super.check() 方法，并将调用转发到了它们左侧的特质。最终，最左侧的特质将会在实际的实例上调用 check() 方法。

在 Scala 中，特质是一个强大的工具，有助于混入横切关注点，而且可以使用它们来创建轻量的具有高度扩展性的代码。我们可以精简到仅仅使用最基本的、最少的代码来实现这种设计，而不是创建一个类和接口的层次结构。

我们已经知道了如何混入多个特质，也了解了方法链。Scala 增强了本来就很强大的混入能力，从而高效地处理了方法链，如将在 7.4 节中所看到的。

7.4 特质中的方法延迟绑定

在上面的例子中，Check 类的 check() 方法是具体的。我们的特质扩展自这个类，并且重写了该方法。我们看到了在该特质中对 super.check() 方法的调用是如何绑定到位于其左侧的特质或者是混入了该特质的类的。如果在基类中方法是抽象的，那么事情就会变得更复杂一些——方法绑定必须要推迟到某个具体的方法已知为止。下面让我们更深入地探讨这一点。

让我们编写一个抽象类 Writer，它具有一个抽象方法 writeMessage()。

UsingTraits/MethodBinding.scala

```
abstract class Writer {
  def writeMessage(message: String): Unit
}
```

任何扩展 Check 的类或对象都需要实现 writeMessage() 方法。如果我们从这个抽象类扩展了一个特质，并用 super 调用该抽象方法，那么 Scala 将会要求我们将该方法声明为 abstract override。组合使用这两个关键字是很奇怪的，但是传达了双重意图。通过使用关键字 override，我们表明我们打算为某个在基类中声明的方法提供一个实现。同时，我们还表示，这个方法的最终实际实现将由混入了该特质的类提供。下面是一个扩展了上述类的特质的例子。

UsingTraits/MethodBinding.scala

```
trait UpperCaseWriter extends Writer {
```

```
  abstract override def writeMessage(message: String): Unit =
    super.writeMessage(message.toUpperCase)
}

trait ProfanityFilteredWriter extends Writer {
  abstract override def writeMessage(message: String): Unit =
    super.writeMessage(message.replace("stupid", "s-----"))
}
```

在这段代码中，Scala 在调用 super.writeMessage() 方法时做了两件事情。首先，它对该调用执行了延迟绑定。其次，它要求混入了这些特质的类提供一个该方法的具体实现。

UpperCaseWriter 特质将给定的字符串转换为大写，并将其传递给方法链中的下一个方法。而 ProfanityFilteredWriter 特质仅删除有点儿粗鲁的词，并且只有当这些词以小写的形式出现时，才执行删除。这是为了说明混入的顺序很有关系而有意为之。

现在，让我们来使用这些特质。首先，让我们来编写一个 StringWriterDelegate 类，它扩展自抽象类 Writer，并将消息写出这个动作委托给了一个 StringWriter 类的实例。

UsingTraits/MethodBinding.scala

```
class StringWriterDelegate extends Writer {
  val writer = new java.io.StringWriter

  def writeMessage(message: String): Unit = writer.write(message)
  override def toString: String = writer.toString
}
```

我们本可以在前面定义 StringWriterDelegate 类时混入一个或者多个特质。不过在这里，让我们在创建实例的时候再混入这些特质。

UsingTraits/MethodBinding.scala

```
val myWriterProfanityFirst =
  new StringWriterDelegate with UpperCaseWriter with ProfanityFilteredWriter

val myWriterProfanityLast =
  new StringWriterDelegate with ProfanityFilteredWriter with UpperCaseWriter

myWriterProfanityFirst writeMessage "There is no sin except stupidity"
myWriterProfanityLast writeMessage "There is no sin except stupidity"

println(myWriterProfanityFirst)
println(myWriterProfanityLast)
```

因为 ProfanityFilteredWriter 是第一行语句中最右侧的特质，所以它首先生效。但是，它在第二行语句中第二个生效。请花一点儿时间仔细琢磨上面的代码。图 7-1 展示了这两个实例的方法的执行顺序。

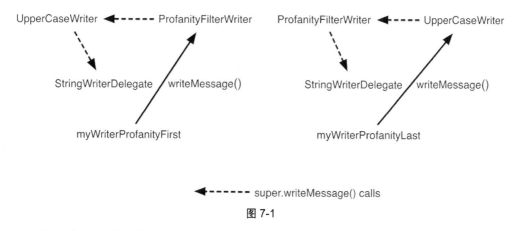

图 7-1

下面是运行上述代码的输出结果：

```
THERE IS NO SIN EXCEPT S-----ITY
THERE IS NO SIN EXCEPT STUPIDITY
```

Scala 巧妙地避免了方法冲突的问题，并将方法调用按照从右到左的顺序进行链接，最后一个混入的特质具有拦截方法调用的最高优先级。

7.5 小结

在本章中，我们探索了 Scala 的一个有趣、强大且能促进扩展性的特性。特质是一种强大的设计工具，可以用于创建具有动态行为的可扩展代码，而又不受限于仅仅由一个类提供实现。当多个实现被汇集在一起时，它们又巧妙地避免了方法冲突。我们看到了使用特质可以优雅地实现类似装饰器模式这种强大的设计模式。

在下一章中，我们将看一下 Scala 对对象集合的支持。

第 **8** 章

集合

Scala 标准库包含了一组丰富的集合类，以及用于组合、遍历和提取元素的强大操作。在创建 Scala 应用程序时，会经常用到这些集合。如果想要在使用 Scala 时更加具有生产力，彻底地学习这些集合是很有必要的。

在本章中，我们将学习如何创建常见的 Scala 集合的实例，以及如何遍历它们。我们仍然可以使用 JDK 中的集合（如 ArrayList、HashSet 以及普通数组），但是在本章中，我们将重点讨论特定于 Scala 的集合，以及如何使用它们。

8.1 常见的 Scala 集合

Scala 有 3 种主要的集合类型：

- List——有序的对象集合；
- Set——无序的集合；
- Map——键值对字典。

Scala 推崇不可变集合，尽管也可以使用可变版本。如果想要修改集合，而且集合上所有的操作都在单线程中进行，那么就可以选择可变集合。但是，如果打算跨线程、跨 Actor 地使用集合，那么不可变集合将会是更好的选择。不可变集合是线程安全的，不受副作用影响，并且有助于程序的正确性。可以通过选择下列两个包之一来选择所使用的版本：scala.collection.mutable 或者 scala.collection.immutable。

如果不指定所使用的包名，那么，在默认情况下，Scala 会使用不可变集合。[①]下面是一

[①] 这不全对，以 Seq 为例，在目前的 Scala 2.12.x 版本中，其在/scala/package.scala 中的定义为 type Seq[+A] = scala.collection.Seq[A]，即默认指向可变集合，在 Scala 2.13.x 版本中，Seq 将会指向不可变集合。——译者注

个使用 Set 的例子——当然，是不可变的版本。

UsingCollections/UsingSet.scala

```scala
val colors1 = Set("Blue", "Green", "Red")
println(s"colors1: $colors1")

val colors2 = colors1 + "Black"
println(s"colors2: $colors2")
println(s"colors1: $colors1")
```

我们从一个具有 3 种颜色的 Set 开始。当添加了"Black"时，我们并没有修改原始的集合。相反，我们得到了一个具有 4 个元素的新集合，正如我们在下面所看到的：

```
colors1: Set(Blue, Green, Red)
colors2: Set(Blue, Green, Red, Black)
colors1: Set(Blue, Green, Red)
```

在默认情况下，得到的是不可变集合。因为（被默认包含的）Predef 对象为 Set 和 Map 提供了别名，指向的是不可变的实现。Set 和 Map 是 scala.collection 包中的特质，在 scala.collection.mutable 包中有其可变版本的实现，而在 scala.collection. immutable 包中有其不可变版本的实现。

在前面的示例中，我们没有使用 new 关键字来创建 Set 的实例。在内部，Scala 创建了内部类 Set3 的一个实例，正如我们在下面的 REPL 交互中所看到的：

```scala
scala>  val colors = Set("Blue", "Green", "Red")
colors: scala.collection.immutable.Set[String] = Set(Blue, Green, Red)

scala> colors.getClass
res0: Class[_ <: scala.collection.immutable.Set[String]] = class
scala.collection.immutable.Set$Set3

scala> :quit
```

Set3 是一个表示具有 3 个元素的集合的实现的类。因为 Set 是不可变的，并且必须要在构造时提供值[1]，所以 Scala 针对元素较少的 Set 优化了具体实现，并为大于 4 个元素的值创建 HashSet 的实现。[2]

根据所提供的参数，Scala 发现我们需要的是一个 Set[String]。同样地，如果是 Set(1,2,3)，那么我们将会得到一个 Set[Int]。因为特殊的 apply() 方法（也被称为工厂方法），所以才得以创建一个对象而又不用使用 new 关键字。类似于 X(...) 这样的语句，其中 X 是一个类的名称或者一个实例的引用，将会被看作是 X.apply(...)。如果对应的

---
① 这里指 Set 的特殊实现 Set3 需要在构造的时候提供值，而非针对所有的 Set。——译者注

② Scala 分别为此提供了 Set0、Set1、Set2、Set3、Set4，更多的元素则会使用通用实现。——译者注

方法存在，Scala 会自动调用这个类的伴生对象上的 apply() 方法。这种隐式调用 apply() 方法的能力也可以在 Map 和 List 上找到。

8.2 使用 Set

假设我们正在编写一个 RSS 流阅读器，我们希望经常更新 feed 流，但是并不关心更新的顺序。那么我们可以将这些 feed 的 URL 存储到一个 Set 中。假设我们有下面这些 feed，它们分别存储在两个 Set 中：

```
val feeds1 = Set("blog.toolshed.com", "pragdave.me", "blog.agiledeveloper.com")
val feeds2 = Set("blog.toolshed.com", "martinfowler.com/bliki")
```

如果我们只是想更新从 feeds1 中选择的 feed，如所有包含有 "blog" 这个词的，那么我们可以使用 filter() 方法来获取这些 feed。

```
val blogFeeds = feeds1 filter (_ contains "blog")
println(s"blog feeds: ${blogFeeds.mkString(", ")}")
```

我们将会得到如下输出：

```
blog feeds: blog.toolshed.com, blog.agiledeveloper.com
```

mkString() 方法为 Set 中的每一个元素都创建了一个对应的字符串表示形式，并将结果与参数字符串（在这个例子中的逗号）拼接起来。

如果要合并两个 Set 的 feed 来创建一个新的 Set，那么我们可以使用++()方法：

```
val mergedFeeds = feeds1 ++ feeds2
println(s"# of merged feeds: ${mergedFeeds.size}")
```

正如我们在输出结果中所看到的，在合并过后的 Set 中，两个 Set 中相同的 feed 将只会被存储一次，因为同一个元素将最多只会被 Set 存储一次：

```
# of merged feeds: 4
```

如果要确定我们和某个朋友所订阅的多个 feed 中相同的部分，那么我们可以导入朋友的 feed，并执行求交集操作（即调用&()方法）：

```
val commonFeeds = feeds1 & feeds2
println(s"common feeds: ${commonFeeds.mkString(", ")}")
```

下面是在前面提到的两个 feed Set 上执行求交集操作之后的结果：

```
common feeds: blog.toolshed.com
```

如果要在每个 feed 的前面加上一个 "http://" 字符串前缀，我们可以使用 map() 方法。这将对每个元素应用给定的函数值、将结果收集到一个 Set 中，并最终返回这个 Set：

```
val urls = feeds1 map ("http://" + _)
println(s"One url: ${urls.head}")
```

我们将会看到下面的结果：

```
One url: http://blog.toolshed.com
```

最后，当我们准备好循环遍历这些 feed 并一个一个地刷新它们的时候，我们可以使用内置的迭代器 foreach() 方法，如下所示：

```
println("Refresh Feeds:")
feeds1 foreach { feed => println(s" Refreshing $feed...") }
```

下面是输出结果：

```
Refresh Feeds:
  Refreshing blog.toolshed.com...
  Refreshing pragdave.me...
  Refreshing blog.agiledeveloper.com...
```

这就是元素的无序集合。接下来，让我们探讨关联映射——Map。

8.3　关联映射

假设我们要将 feed 的作者的名字附加到 feed 上，我们可以将其以键值对的形式存储在 Map 中。

```
val feeds = Map(
  "Andy Hunt" -> "blog.toolshed.com",
  "Dave Thomas" -> "pragdave.me",
  "NFJS" -> "nofluffjuststuff.com/blog")
```

如果想要得到一个 feed 的 Map，其中 feed 的作者名开头都为 "D"，那么我们可以使用 filterKeys() 方法。

```
val filterNameStartWithD = feeds filterKeys (_ startsWith "D")
println(s"# of Filtered: ${filterNameStartWithD.size}")
```

下面是输出结果：

```
# of Filtered: 1
```

另外，如果想要对这些值进行筛选，那么除对键进行操作之外，我们还可以使用 filter() 方法。提供给 filter() 方法的函数值接收一个（键，值）元组，我们可以像下面这样使用它：

```
val filterNameStartWithDAndPragprogInFeed = feeds filter { element =>
  val (key, value) = element
  (key startsWith "D") && (value contains "pragdave")
}
print("# of feeds with auth name D* and pragdave in URL: ")
println(filterNameStartWithDAndPragprogInFeed.size)
```

下面是输出结果：

```
# of feeds with auth name D* and pragdave in URL: 1
```

如果需要获取一个人的 **feed**，只需要使用 get() 方法。因为对于给定的键，其对应的值可能不存在，所以 get() 方法的返回类型是 Option[T]（参见 5.2.3 节）。该方法的实际结果要么是一个 Some[T] 要么是 None，其中 T 也是 Map 的值类型。

```
println(s"Get Andy's Feed: ${feeds.get("Andy Hunt")}")
println(s"Get Bill's Feed: ${feeds.get("Bill Who")}")
```

上述代码的输出结果如下：

```
Get Andy's Feed: Some(blog.toolshed.com)
Get Bill's Feed: None
```

此外，我们可以使用 apply() 方法来获取一个键的值。需要牢记的是，这是我们在类或者实例后加上圆括号时，Scala 调用的方法。但是，和 get() 方法不同的是，apply() 方法返回的不是 Option[T]，而是返回的值（即 T）。小心使用——确保将代码放置在一个 try-catch 代码块中。[①]

```
try {
  println(s"Get Andy's Feed Using apply(): ${feeds("Andy Hunt")}")
  print("Get Bill's Feed: ")
  println(feeds("Bill Who"))
} catch {
  case _: java.util.NoSuchElementException => println("Not found")
}
```

下面是使用 apply() 方法的输出结果：

```
Get Andy's Feed Using apply(): blog.toolshed.com
Get Bill's Feed: Not found
```

要添加 **feed**，请使用 updated() 方法。因为我们使用的是不可变集合，所以 updated() 方法不会影响原来的 Map。如同其方法名所提示的一样，它会返回一个携带着新元素的全新 Map。

```
val newFeeds1 = feeds.updated("Venkat Subramaniam", "blog.agiledeveloper.com")
println("Venkat's blog in original feeds: " + feeds.get("Venkat Subramaniam"))
println("Venkat's blog in new feed: " + newFeeds1("Venkat Subramaniam"))
```

让我们看一下调用 updated() 方法之后的效果：

```
Venkat's blog in original feeds: None
Venkat's blog in new feed: blog.agiledeveloper.com
```

除显式地调用 updated() 方法之外，也可以利用另一个 Scala 小技巧。如果在赋值语句

---

① 因为当对应键的值不存在的时候，该方法将会抛出一个 NoSuchElementException。——译者注

的左边的类或者实例上使用圆括号，那么 Scala 将自动调用 updated() 方法。因此，X() = b 等价于 X.updated(b)。如果 updated() 接受多个参数，那么可以将除尾参数之外的所有参数都放置在括号内部。因此，X(a) = b 等价于 X.updated(a,b)。

我们可以在不可变集合上使用该隐式调用，像这样：val newFeed = feeds("author") = "blog"。但是，多重赋值语句这种形式，使其失去了语法上的优雅性，后一个等号用于调用 updated() 方法，而前一个用于保存新创建的 Map。如果我们要从一个方法中返回新创建的 Map，那么隐式的 updated() 方法使用起来就很优雅。然而，如果我们想要就地更新 Map，那么在可变集合上使用该隐式调用则更加具有意义。

```
val mutableFeeds = scala.collection.mutable.Map(
  "Scala Book Forum" -> "forums.pragprog.com/forums/87")
mutableFeeds("Groovy Book Forum") = "forums.pragprog.com/forums/246"
println(s"Number of forums: ${mutableFeeds.size}")
```

我们将得到如下输出结果：

```
Number of forums: 2
```

既然已经学习了 Set 和 Map，那么我们就不能再忽略最常见的集合——List。

8.4 不可变列表

通过使用 head 方法，Scala 使访问一个列表的第一个元素更加简单快速。使用 tail 方法，可以访问除第一个元素之外的所有元素。访问列表中的最后一个元素需要对列表进行遍历，因此相比访问列表的头部和尾部[1]，该操作更加昂贵。所以，列表上的大多数操作都是围绕着对头部和尾部的操作构造的。

让我们继续使用上面的 feed 例子来学习 List。我们可以使用 List 来维护一个有序的 feed 集合。

```
val feeds = List("blog.toolshed.com", "pragdave.me", "blog.agiledeveloper.com")
```

这创建了一个 List[String] 的实例。我们可以使用从 0 到 list.length - 1 的索引来访问 List 中的元素。当调用 feeds(1) 方法时，我们使用的是 List 的 apply() 方法。也就是说，feeds(0) 是 feeds.apply(0) 的一个简单形式。要访问第一个元素，我们可以使用 feeds(0) 或者 head() 方法。

```
println(s"First feed: ${feeds.head}")
println(s"Second feed: ${feeds(1)}")
```

这段代码的输出结果如下：

---

[1] 在 Scala 的标准库实现中，默认的 List 的实现只有两个子类，即 Nil 和 ::，其中 Nil 代表空列表，而 :: 代表一个非空列表，并且由一个头部（head）和一个尾部（tail）组成，尾部又是一个 List。——译者注

```
First feed: blog.toolshed.com
Second feed: pragdave.me
```

如果我们想要前插一个元素，即将一个元素放在当前 List 的前面，我们可以使用特殊的::()方法。a :: list 读作"将 a 前插到 list"。虽然 list 跟在这个操作符之后，但它是 list 上的一个方法。8.5 节会详细介绍其工作原理。

```
val prefixedList = "forums.pragprog.com/forums/87" :: feeds
println(s"First Feed In Prefixed: ${prefixedList.head}")
```

上述代码的输出结果如下：

```
First Feed In Prefixed: forums.pragprog.com/forums/87
```

假设我们想要追加一个列表到另外一个列表，例如，将 listA 追加到另外一个列表 list。那么我们可以使用:::()方法将 list 实际上前插到 listA。因此，代码应该是 list ::: listA，并读作"将 list 前插到 listA"。因为 List 是不可变的，所以我们不会影响前面的任何一个列表。我们只是使用这两个列表中的元素创建了一个新列表。[①]下面是一个追加的例子：

```
val feedsWithForums =
  feeds ::: List(
    "forums.pragprog.com/forums/87",
    "forums.pragprog.com/forums/246")
println(s"First feed in feeds with forum: ${feedsWithForums.head}")
println(s"Last feed in feeds with forum: ${feedsWithForums.last}")
```

下面是输出结果：

```
First feed in feeds with forum: blog.toolshed.com
Last feed in feeds with forum: forums.pragprog.com/forums/246
```

同样地，:::()方法是在操作符后面的列表上调用的。

要将一个元素追加到列表中，可以使用相同的:::()方法。将想要追加的元素添加到一个列表中，然后将原始列表拼接到它的前面：

```
val appendedList = feeds ::: List("agilelearner.com")
println(s"Last Feed In Appended: ${appendedList.last}")
```

我们应该能看到下面这样的输出：

```
Last Feed In Appended: agilelearner.com
```

需要注意的是，将元素或者列表追加到另外一个列表中，实际上调用的是后者的前缀方法。这样做的原因是，与遍历到列表的最后一个元素相比，访问列表的头部元素要快得多。事半功倍。

---

① 实际上，这个新列表将会共享整个 listA。——译者注

如果想要只选择满足某些条件的 feed，应该使用 filter() 方法。如果我们想要检查是否所有的 feed 都满足某个特定的条件，则可以使用 forall() 方法。另外，如果我们想要知道是否有任意 feed 满足某一条件，那么 exists() 方法可以帮到我们。

```
println(s"Feeds with blog: ${feeds.filter(_ contains "blog").mkString(", ")}")
println(s"All feeds have com: ${feeds.forall(_ contains "com")}")
println(s"All feeds have dave: ${feeds.forall(_ contains "dave")}")
println(s"Any feed has dave: ${feeds.exists(_ contains "dave")}")
println(s"Any feed has bill: ${feeds.exists(_ contains "bill")}")
```

我们将得到下面这样的结果：

```
Feeds with blog: blog.toolshed.com, blog.agiledeveloper.com
All feeds have com: false
All feeds have dave: false
Any feed has dave: true
Any feed has bill: false
```

如果想要知道我们需要显示的每个 feed 名称的字符数，那么我们可以使用 map() 方法来处理每个元素，并获得一个结果列表，如下所示：

```
println(s"Feed url lengths: ${feeds.map(_.length).mkString(", ")}")
```

下面是输出结果：

```
Feed url lengths: 17, 11, 23
```

如果我们对所有 feed 的字符总数感兴趣，那么我们可以使用 foldLeft() 方法，如下所示：

```
val total = feeds.foldLeft(0) { (total, feed) => total + feed.length }
println(s"Total length of feed urls: $total")
```

上述代码的输出结果如下：

```
Total length of feed urls: 51
```

需要注意的是，虽然前面的方法在执行求和操作，但是它并没有处理任何可变状态。这是纯函数式风格。在不断地使用方法对列表中的元素进行处理的过程中，将会累计出一个新的更新值，但这一切并没有改变任何的内容。

foldLeft() 方法将从列表的左侧开始，为列表中的每个元素调用给定的函数值（代码块）。它将两个参数传递给该函数值，第一个参数是使用（该列表中的）前一个元素执行该函数值得到的部分结果，这就是为何其被称为"折叠"（folding）——好像列表经过这些计算折叠出结果一样。第二个参数是列表中的一个元素。部分结果的初始值被作为该方法的参数提供（在这个例子中是 0）。foldLeft() 方法形成了一个元素链，并在该函数值中将计算得到的部分结果值，从左边开始，从一个元素携带到下一个元素。类似地，foldRight() 方法也一样，但是它从右边开始。

　　为了使前面的方法更加简洁，Scala 提供了替代方法。`/:()` 方法等价于 `foldLeft()` 方法，而 `\:()` 方法等价于 `foldRight()` 方法。下面我们使用 `/:()` 方法重写前面的例子：

```
val total2 = (0 /: feeds) { (total, feed) => total + feed.length }
println(s"Total length of feed urls: $total2")
```

上述代码的输出结果如下：

```
Total length of feed urls: 51
```

程序员们要么喜欢这样的简洁性，比如我，要么讨厌它；我不觉得有"骑墙派"。

现在我们可以使用 Scala 的多项约定，让代码甚至可以像下面这样更加简洁：

```
val total3 = (0 /: feeds) { _ + _.length }
println(s"Total length of feed urls: $total3")
```

下面是输出结果：

```
Total length of feed urls: 51
```

在本节中，我们看到了 List 的一些有趣方法。List 中还有其他一些方法，提供了额外的能力。

这些方法名中的冒号在 Scala 中具有重大的意义，理解它是非常重要的。接下来，让我们一起来探讨一下吧。

8.5　方法名约定

　　本节中介绍的功能非常酷（我真的是这样认为的），但是理解起来也有一点儿难。如果你在阅读下面的这几页时，身边有氧气面罩，那么在帮助你身边的程序员之前，请先带好自己的面罩。[1]

　　在 3.9 节中，我们明白了 Scala 是如何支持操作符重载的，尽管它并没有（原生的）操作符。操作符就是方法，只不过在实现上使用了取巧的方法命名约定。我们看到了方法名的第一个字母决定了优先级。在这里，我们将看到它们名称的最后一个字母也有一个效果——它决定了方法调用的目标。

　　约定：一开始可能令人感到惊讶，但是当你习惯了之后（或者当你"长出了一只 Scala 之眼"后），你便会发现它可以提高代码的流畅度。例如，如果要前插一个值到列表中，可以编写 `value :: list`。即使它读起来好像是"将 value 前插到 list 中"，但是，该方法的目标实际上是 list，而 value 作为参数，即 `list.::(value)`。

---

[1] 这里是一种打趣的说法，类似的用语在坐飞机的时候，机上广播一定会说到的。——译者注

有些程序员会问，是否可以在调用过程中将冒号附加到现有的方法上。[①]答案是不可以，因为 Scala 并没有提供用于装饰现有方法名称的设施。该约定仅用于以此特殊符号结束的方法名。

如果方法名以冒号（:）结尾，那么调用的目标是该操作符后面的实例。Scala 不允许使用字母作为操作符的名称，除非使用下划线对该操作符增加前缀。因此，一个名为 jumpOver:() 的方法是被拒绝的，但是 jumpOver_:() 则会被接受。

在下面这个例子中，^() 方法是一个定义在 Cow 类上的方法，而^:() 方法是独立定义在 Moon 类上的一个方法。

UsingCollections/Colon.scala

```scala
class Cow {
  def ^(moon: Moon): Unit = println("Cow jumped over the moon")
}
class Moon {
  def ^:(cow: Cow): Unit = println("This cow jumped over the moon too")
}
```

下面是使用这两个方法的一个示例。

UsingCollections/Colon.scala

```scala
val cow = new Cow
val moon = new Moon

cow ^ moon
cow ^: moon
```

对这两个方法的调用看起来几乎是完全一样的，cow 都在操作符的左边，而 moon 都在操作符的右边。但是，第一个调用发生在 cow 上，而第二个调用发生在 moon 上，这一区别相当微妙。对于 Scala 新人来说，这可能是相当令人沮丧的；但是，在 List 的操作中，这种约定相当常见，所以我们最好还是习惯它。上述代码的输出结果如下：

```
Cow jumped over the moon
This cow jumped over the moon too
```

上面这个例子中的最后一行调用和下面的代码片段等价：

```scala
moon.^:(cow)
```

除了以:结尾的操作符之外，还有一组调用目标也是跟随它们之后的实例的操作符。这些都是一元操作符，分别是+、-、!和～。其中一元+操作符被映射为对 unary_+() 方法的调用，而一元-操作符被映射为对 unary_-() 方法的调用，以此类推。

下面是一个在 Sample 类上定义一元操作符的例子。

---

① 原作者的意思是将 a.fun(b) 这种调用通过添加冒号的方式变成 a.fun:(b)，也就是 b fun: a。——译者注

UsingCollections/Unary.scala

```
class Sample {
  def unary_+(): Unit = println("Called unary +")
  def unary_-(): Unit = println("called unary -")
  def unary_!(): Unit = println("called unary !")
  def unary_~(): Unit = println("called unary ~")
}

val sample = new Sample
+sample
-sample
!sample
~sample
```

上述代码的输出结果如下：

```
Called unary +
called unary -
called unary !
called unary ~
```

在熟悉了 Scala 之后，你便会长出一只 Scala 之眼——很快，处理这些符号和约定将会变成你的第二天性。

8.6 **for** 表达式

`foreach()` 方法提供了集合上的内部迭代器——你不必控制循环，只需要提供在每次迭代上下文中执行的代码片段即可。但是，如果希望同时控制循环或者处理多个集合，那么你便可以使用外部迭代器，即 `for` 表达式。我们来看一个简单的循环。

UsingCollections/PowerOfFor.scala

```
for ( _ <- 1 to 3) { print("ho ") }
```

这段代码打印出了 "ho ho ho"。它是下面表达式的一般语法的简洁形式：

```
for([pattern <- generator; definition*]+; filter*)
  [yield] expression
```

`for` 表达式接受一个或者多个生成器作为参数，并带有 0 个或者多个定义以及 0 个或者多个过滤器。这些都是由分号分隔的。`yield` 关键字是可选的，如果存在，则告诉表达式返回一个值列表而不是一个 `Unit`。虽然有大量的细节，不过不必担心，因为我们将会用例子来说明，所以你很快就会适应它了。

让我们先从 `yield` 关键字开始。假设我们想要获取一个区间内的值，并将每个值都乘以 2。下面是这样做的一个代码示例。

UsingCollections/PowerOfFor.scala

```
val result = for (i <- 1 to 10)
  yield i * 2
```

上面的代码返回了一个值的集合，其中每个值分别是给定区间 1 到 10 中的每个值的两倍大小。

我们还可以使用 map() 方法来完成前面的逻辑，像下面这样。

UsingCollections/PowerOfFor.scala

```
val result2 = (1 to 10).map(_ * 2)
```

在幕后，Scala 将根据表达式的复杂程度，把 for 表达式翻译为组合使用了类似 map() 和 withFilter() 这样的方法的表达式。

现在，假设我们只想将区间内的偶数进行加倍，那么我们可以使用过滤器。

UsingCollections/PowerOfFor.scala

```
val doubleEven = for (i <- 1 to 10; if i % 2 == 0)
  yield i * 2
```

前面的 for 表达式读作"返回一个 i * 2 的集合，其中 i 是一个给定区间的成员，且 i 是偶数"。因此，上面的表达式实际上就像是对一个值的集合进行 SQL 查询——这在函数式编程中称为列表推导（list comprehension）。

如果觉得上述代码中的分号碍眼，也可以将它们替换成换行符，然后使用大括号，而不是括号，就像下面这样：

```
for {
  i <- 1 to 10
  if i % 2 == 0
} yield i * 2
```

可以将定义和生成器放在一起。Scala 在每次迭代的过程中都会定义一个新的 val 值。

在下面这个例子中，我们循环遍历一个 Person 的集合，并打印出其姓氏。

UsingCollections/Friends.scala

```
class Person(val firstName: String, val lastName: String)
object Person {
  def apply(firstName: String, lastName: String): Person =
    new Person(firstName, lastName)
}
val friends = List(Person("Brian", "Sletten"), Person("Neal", "Ford"),
  Person("Scott", "Davis"), Person("Stuart", "Halloway"))

val lastNames =
  for (friend <- friends; lastName = friend.lastName) yield lastName
```

```
println(lastNames.mkString(", "))
```

这段代码的输出如下：

```
Sletten, Ford, Davis, Halloway
```

上面的代码也是 Scala 语法糖的一个例子，我们在新建一个 Person 的列表时实际上在幕后调用的是 apply() 方法——这样的代码简洁且易读。

如果在 for 表达式中提供了多个生成器，那么每个生成器都将形成一个内部循环。最右边的生成器控制最里面的循环。下面是使用了两个生成器的例子。

UsingCollections/MultipleLoop.scala

```
for (i <- 1 to 3; j <- 4 to 6) {
  print(s"[$i,$j] ")
}
```

上述代码的输出结果如下：

```
[1,4] [1,5] [1,6] [2,4] [2,5] [2,6] [3,4] [3,5] [3,6]
```

使用多个生成器，可以轻松地将这些值组合起来，以创建强大的组合。

8.7　小结

在本章中，我们学习了如何使用 Scala 中 3 种主要的集合类型，还看到了 for 表达式以及列表推导式的强大能力。接下来，我们将学习模式匹配（pattern matching），这也是 Scala 中最强大的功能之一。

第 **9** 章

模式匹配和正则表达式

模式匹配（pattern matching）在 Scala 被广泛使用的特性中排在第二位，仅次于函数值和闭包。Scala 对于模式匹配的出色支持意味着，在并发编程中在处理 Actor 接收到的消息时，将会大量地使用它。在本章中，我们将学到 Scala 的模式匹配的机制、case 类和提取器，以及如何创建和使用正则表达式。

9.1 模式匹配综述

Scala 的模式匹配非常灵活，可以匹配字面量和常量，以及使用通配符匹配任意的值、元组和列表，甚至还可以根据类型以及判定守卫来进行匹配。接下来我们就来逐个探索一下这些应用方式。

9.1.1 匹配字面量和常量

在 Actor 之间传递的消息通常都是 String 字面量、数值或者元组。[①]如果你的消息是字面量，对其进行模式匹配几乎没有什么工作量，只需要输入想要匹配的字面量就可以了。假如我们需要确定一周中不同天的活动信息，并假设我们得到的关于某天是周几的输入是一个 String，而我们需要响应当天的活动信息。下面是一个示例，说明了我们如何对这些日期进行模式匹配。

PatternMatching/MatchLiterals.scala

```
def activity(day: String): Unit = {
  day match {
    case "Sunday" => print("Eat, sleep, repeat... ")
```

---

① 这里的说法欠妥，实际上在 Actor 之间可以传递任意类型的消息，并且通常都是领域消息。——译者注

```
      case "Saturday" => print("Hang out with friends... ")
      case "Monday" => print("...code for fun...")
      case "Friday" => print("...read a good book...")
    }
  }
  List("Monday", "Sunday", "Saturday").foreach { activity }
```

这段 match 语句是一个在 Any 上进行的表达式。在这个例子中，我们将其应用到了
String 上。它将在目标上进行模式匹配，并使用模式匹配的值调用适当的 case 表达式。
上述代码的输出结果如下：

```
...code for fun...Eat, sleep, repeat... Hang out with friends...
```

可以直接对字面量和常量进行模式匹配。match 语句并不关心字面量的类型。然而，
match 左侧的目标对象的类型可能会限制匹配的字面量的类型。在这个例子中，因为类型是
String，所以匹配的可能是任意字符串。

9.1.2　匹配通配符

在前面的示例中，我们并没有处理变量 day 的所有可能值。如果有一个值没有匹配任何
一个 case 表达式，那么我们将会得到一个 MatchError 异常。我们可以通过将参数类型设
置为 enum 而不是 String 来控制 day 的可能值。即使这样，我们也可能不愿意处理一周中
的每一天。这时，我们可以通过使用通配符来避免该异常。

PatternMatching/Wildcard.scala

```
object DayOfWeek extends Enumeration {
  val SUNDAY: DayOfWeek.Value = Value("Sunday")
  val MONDAY: DayOfWeek.Value = Value("Monday")
  val TUESDAY: DayOfWeek.Value = Value("Tuesday")
  val WEDNESDAY: DayOfWeek.Value = Value("Wednesday")
  val THURSDAY: DayOfWeek.Value = Value("Thursday")
  val FRIDAY: DayOfWeek.Value = Value("Friday")
  val SATURDAY: DayOfWeek.Value = Value("Saturday")
}

def activity(day: DayOfWeek.Value): Unit = {
  day match {
    case DayOfWeek.SUNDAY => println("Eat, sleep, repeat...")
    case DayOfWeek.SATURDAY => println("Hang out with friends")
    case _ => println("...code for fun...")
  }
}

activity(DayOfWeek.SATURDAY)
activity(DayOfWeek.MONDAY)
```

我们为一周中的每一天都定义了一个枚举值。在我们的 activity() 方法中，我们匹配了 SUNDAY 和 SATURDAY，并使用下划线（_）表示的通配符处理其他工作日。

当我们运行这段代码的时候，我们会先匹配到 SATURDAY，紧接着的是由通配符匹配到 MONDAY：

```
Hang out with friends
...code for fun...
```

9.1.3　匹配元组和列表

匹配字面量和枚举值很简单。但是消息通常都不是单个字面量——它们通常是一组以元组或者列表形式表现的值。元组和列表也可以使用 case 表达式来匹配。假设我们正在编写一个需要接收并处理地理坐标的服务。可以使用元组来表示坐标，并进行模式匹配，如下所示。

PatternMatching/MatchTuples.scala

```
def processCoordinates(input: Any): Unit = {
  input match {
    case (lat, long) => printf("Processing (%d, %d)...", lat, long)
    case "done" => println("done")
    case _  => println("invalid input")
  }
}

processCoordinates((39, -104))
processCoordinates("done")
```

这将匹配任何具有两个值的元组，以及字面量"done"。运行这段代码并查看输出：

```
Processing (39, -104)...done
```

如果我们发送的参数不是具有两个元素的元组，也不能匹配"done"，那么通配符将会处理它。用于打印坐标的 printf() 语句有一个隐藏的假设，即（所匹配到的）元组中的值都是整数。如果这些值不是整数，那么我们的代码将会在运行时失败。我们可以通过提供用于模式匹配的类型信息来避免这种情况，如我们在下一节中将看到的那样。

你可以用匹配元组的方式来对 List 进行模式匹配，只需要提供你关心的元素即可，而对于剩下的元素可以使用数组展开（array explosion）标记（_*）。

PatternMatching/MatchList.scala

```
def processItems(items: List[String]): Unit = {
  items match {
    case List("apple", "ibm") => println("Apples and IBMs")
    case List("red", "blue", "white") => println("Stars and Stripes...")
```

```
        case List("red", "blue", _*) => println("colors red, blue,... ")
        case List("apple", "orange", otherFruits @ _*) =>
          println("apples, oranges, and " + otherFruits)
    }
}

processItems(List("apple", "ibm"))
processItems(List("red", "blue", "green"))
processItems(List("red", "blue", "white"))
processItems(List("apple", "orange", "grapes", "dates"))
```

在前两行的 case 语句中，我们预期 List 中分别具有 2 个和 3 个指定的元素。在剩下的两行 case 语句中，我们预期 2 个或者更多的元素，但是开头的 2 个元素必须是我们所指定的。如果我们需要引用 List 中剩下的元素，可以在特殊的@符号[①]之前放置一个变量名（如 otherFruits），就像在最后一行 case 语句中一样。这段代码的输出结果如下：

```
Apples and IBMs
colors red, blue,...
Stars and Stripes...
apples, oranges, and List(grapes, dates)
```

9.1.4　匹配类型和守卫

有时候你可能会想要根据值的类型进行匹配。例如，你可能想要处理序列，如 Int 序列，而又不同于处理 Double 序列。Scala 使你可以要求 case 语句匹配对应的类型，如下面的例子所示。

PatternMatching/MatchTypes.scala

```
1   def process(input: Any): Unit = {
2     input match {
3       case (_: Int, _: Int) => print("Processing (int, int)... ")
4       case (_: Double, _: Double) => print("Processing (double, double)... ")
5       case msg: Int if msg > 1000000 => println("Processing int > 1000000")
6       case _: Int => print("Processing int... ")
7       case _: String => println("Processing string... ")
8       case _ => printf(s"Can't handle $input... ")
9     }
10  }
11
12  process((34.2, -159.3))
13  process(0)
14  process(1000001)
15  process(2.2)
```

[①] 在未来的 Scala 版本中，这个地方将需要编写为：_*，而不是@ _*。——译者注

你将看到如何在 case 语句中指定单个值以及元组中元素的类型，此外，你还可以使用守卫来进一步约束模式匹配。除了匹配模式之外，有时还必须满足由 if 子句提供的守卫约束，才能对=>后面的表达式进行求值。这段代码的输出如下：

```
Processing (double, double)... Processing int... Processing int > 1000000
Can't handle 2.2...
```

在编写多个 case 表达式时，它们的顺序很重要。Scala 将会自上而下地对 case 表达式进行求值。[1]如果我们交换代码中的第 5 行和第 6 行，就会导致一个警告，以及一个不一样的结果，因为带有守卫的 case 语句永远也不会被执行。

9.2　case 表达式中的模式变量和常量

你已经看到了如何为自己正在匹配的值定义占位符，如在匹配元组时的 lat 和 long。这些就是模式变量。然而，在定义它们的时候必须要小心。按照约定，Scala 期望模式变量名都以小写字母开头，而常量名则是大写字母。

如果你使用大写字母的名称，Scala 将会在作用域范围内查找常量。但是，如果使用的是非大写字母的名称，它将只假设其是一个模式变量——在作用域范围内任何具有相同非大写字母的名称都将会被忽略。在下面的代码中，我们定义了一个和字段具有相同名称的模式变量，但是这段代码将不会给出我们想要的结果——模式变量隐藏了（Sample 类的）max 字段。

PatternMatching/MatchWithField.scala

```scala
class Sample {
  val max = 100

  def process(input: Int): Unit = {
    input match {
      case max => println(s"You matched max $max")
    }
  }
}

val sample = new Sample
try {
  sample.process(0)
} catch {
  case ex: Throwable => println(ex)
}
sample.process(100)
```

---

[1] 与在 Java 的 switch 语句中需要手动地进行 break 不同，在 Scala 中，当匹配到某个 case 子句后，将不会再继续落到下一个 case 子句，相当于自动进行了 break。——译者注

下面的输出结果表明：Scala 将变量 max 推断为模式变量，而不是 Sample 类中 max 字段的不可变变量值：

```
You matched max 0
You matched max 100
```

可以使用显式的作用域指定（如果 ObjectName 是一个单例对象或者伴生对象，那么使用 ObjectName.filedName，如果 obj 是一个引用，则使用 obj.fieldName），以便在 case 表达式中访问被隐藏的字段，如下所示：

```
case this.max => println(s"You matched max $max")
```

在这个版本中，Scala 知道我们指向的是一个字段：

```
scala.MatchError: 0 (of class java.lang.Integer)
You matched max 100
```

除了使用点号表示法来解析作用域范围，也可以通过在变量名的两边加上反单引号（`）来给 Scala 提示：

```
case `max` => println(s"You matched max $max")
```

同样，在这个修改后的版本中，Scala 正确地解析了位于当前作用域范围内的不可变变量：

```
scala.MatchError: 0 (of class java.lang.Integer)
You matched max 100
```

可以使用这两种方法的任何一种来指示 Scala 将非大写字母的名称看作是作用域范围内的预定义值，而不是模式变量。然而，最好避免这样做——请将大写字母的名称用于真正的常量，如下例所示。

PatternMatching/MatchWithValsOK.scala

```scala
class Sample {
  val MAX = 100

  def process(input: Int): Unit = {
    input match {
      case MAX => println("You matched max")
    }
  }
}

val sample = new Sample
try {
  sample.process(0)
} catch {
  case ex: Throwable => println(ex)
}
sample.process(100)
```

有了这项改变，Scala 和你所看到的保持一致，而结果正是你所期望的：

```
scala.MatchError: 0 (of class java.lang.Integer)
You matched max
```

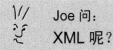

Joe 问：

XML 呢？

你也可以对 XML 片段进行模式匹配。你不必将 XML 嵌入字符串中[①]，可以直接将 XML 片段作为 case 语句的参数。此能力非常强大，但是，因为我们需要先讨论在 Scala 中如何对 XML 进行处理，所以我们将这个主题推后到第 15 章。

在真实的应用程序中，你很快就不止进行简单的字面量、列表、元组以及对象匹配了。你将想要匹配更多、更复杂的模式。在 Scala 中有两种选择，即 case 类和提取器。让我们依次来看一下。

9.3 使用 **case** 类进行模式匹配

case 类是特殊的类，可以使用 case 表达式来进行模式匹配。case 类很简洁，并且容易创建，它将其构造参数都公开为值。可以使用 case 类来创建轻量级值对象，或者类名和属性名都富有意义的数据持有者。

假设我们希望接收和处理股票交易信息。用于出售和购买股票的消息可能会伴随着股票的名称以及数量等信息。将这些信息存储在对象中很方便，但是如何对它们进行模式匹配呢？这就是 case 类的使用场景了。case 类是模式匹配容易识别和匹配的类。下面是几个 case 类的示例。

PatternMatching/TradeStock.scala

```
trait Trade
case class Sell(stockSymbol: String, quantity: Int) extends Trade
case class Buy(stockSymbol: String, quantity: Int) extends Trade
case class Hedge(stockSymbol: String, quantity: Int) extends Trade
```

我们将 Trade 定义为特质，因为我们不期望它有任何直接的实例，这很像我们在 Java 中定义接口。case 类 Sell、Buy 和 Hedge 都扩展自这个特质。这 3 个类接受股票的代码及其数量作为构造器参数。

现在，我们已经可以在 case 语句中使用这些类了。

---

① 在 Scala 的未来版本中，直接编写 XML 字面量的能力将会被移除，进而转向使用 xml"..."这样的格式。——译者注

PatternMatching/TradeStock.scala

```
object TradeProcessor {
  def processTransaction(request: Trade): Unit = {
    request match {
      case Sell(stock, 1000) => println(s"Selling 1000-units of $stock")
      case Sell(stock, quantity) =>
        println(s"Selling $quantity units of $stock")
      case Buy(stock, quantity) if quantity > 2000 =>
        println(s"Buying $quantity (large) units of $stock")
      case Buy(stock, quantity) =>
        println(s"Buying $quantity units of $stock")
    }
  }
}
```

我们把 request 和 Sell 以及 Buy 进行模式匹配。我们收到的股票代码和数量分别与模式变量 stock 和 quantity 对应。我们可以指定常量值，如将 quantity 指定为 1000，也可以进一步使用守卫进行模式匹配，例如检查 if quantity > 2000。下面是一个使用 TradeProcessor 单例对象的例子。

PatternMatching/TradeStock.scala

```
TradeProcessor.processTransaction(Sell("GOOG", 500))
TradeProcessor.processTransaction(Buy("GOOG", 700))
TradeProcessor.processTransaction(Sell("GOOG", 1000))
TradeProcessor.processTransaction(Buy("GOOG", 3000))
```

这段代码的输出如下所示：

```
Selling 500 units of GOOG
Buying 700 units of GOOG
Selling 1000-units of GOOG
Buying 3000 (large) units of GOOG
```

在上面的例子中，所有具体的 case 类都接受参数。如果你有一个不带参数的 case 类，那么请在类名之后加上一个空括号，以表明它接受的是空的参数列表，否则 Scala 编译器会产生一个警告。

在处理不带参数的 case 类的时候，还有其他复杂的问题需要注意——当把它们作为消息传递时要格外小心。在下面的例子中，有不接受任何参数的 case 类。

PatternMatching/ThingsAcceptor.scala

```
case class Apple()
case class Orange()
case class Book()

object ThingsAcceptor {
  def acceptStuff(thing: Any): Unit = {
```

```
thing match {
  case Apple() => println("Thanks for the Apple")
  case Orange() => println("Thanks for the Orange")
  case Book() => println("Thanks for the Book")
  case _ => println(s"Excuse me, why did you send me $thing")
}
}
}
```

在下面的代码中,我们忘记了在最后的调用中将空括号放在 Apple 的右边。

PatternMatching/ThingsAcceptor.scala

```
ThingsAcceptor.acceptStuff(Apple())
ThingsAcceptor.acceptStuff(Book())
ThingsAcceptor.acceptStuff(Apple)
```

上述调用的结果如下所示:

```
Thanks for the Apple
Thanks for the Book
Excuse me, why did you send me Apple
```

当我们忘记了括号时,我们发送的将不是该 case 类的实例,而是其伴生对象。伴生对象混合了 scala.Function0 特质,意味着它可以被视为一个函数。因此,我们最终将会发送一个函数而不是 case 类的实例。如果 acceptStuff() 方法接受一个名为 Thing 的 case 类的实例,则不会出现什么问题。让我们尝试一下这个想法。

```
abstract class Thing
case class Apple() extends Thing

object ThingsAcceptor {
  def acceptStuff(thing: Thing) {
    thing match {
      //...
      case _ =>
    }
  }
}
```

```
ThingsAcceptor.acceptStuff(Apple) // 编译错误:类型不匹配
```

接受一个 case 类的实例比接受一个 Any 安全得多。然而,有时候你并没有这样的控制权。例如,在向 Actor 传递消息的时候,你在编译时并不能以类型安全的方式接收消息。[①]因此,在传递 case 类的实例的时候要格外小心。

---

① 这里描述的是使用 UntypedActor 时出现的情况,如果使用 akka-typed 来编写代码,那么是可以限制发送消息的类型的,并且可以进行编译期检查。——译者注

即使 Scala 编译器会不断进化，进而修复前面这个问题，这种边缘情况仍然可能会出现。这也就强调了，即使是在静态类型的编程语言中也需要良好的单元测试（参见第 16 章）。

9.4　提取器和正则表达式

Scala 强大的模式匹配并不止步于内置的模式匹配设施。我们可以使用提取器创建自定义的匹配模式，同时，Scala 也为我们提供了一些不同的选择。

9.4.1　使用提取器进行模式匹配

通过使用 Scala 的提取器来匹配任意模式，可以将模式匹配提升到下一个等级。顾名思义，提取器将从输入中提取匹配的部分。假设我们正在编写一个服务，它负责处理与股票相关的输入信息。那么我们当务之急便是接收一个股票代码，并返回该股票的价格。下面是一个我们可以预期的调用示例：

```
StockService process "GOOG"
StockService process "IBM"
StockService process "ERR"
```

process()方法需要验证给定的股票代码，如果有效，则返回它的价格。下面是对应的代码：

```
object StockService {
  def process(input: String): Unit = {
    input match {
      case Symbol() => println(s"Look up price for valid symbol $input")
      case _ => println(s"Invalid input $input")
    }
  }
}
```

process()方法使用了尚未定义的 Symbol 提取器。如果该提取器认为输入的股票代码有效，那么它将返回 true；否则，返回 false。如果返回 true，那么将会执行和 case 语句相关联的表达式，在这个例子中，我们只打印了一条消息来说明匹配成功；否则，模式匹配将继续尝试下一个 case 语句。现在，让我们来看一下缺失的部分，即提取器。

```
object Symbol {
  def unapply(symbol: String): Boolean = {
    // 你查找了数据库，但是只识别了 GOOG 和 IBM
    symbol == "GOOG" || symbol == "IBM"
  }
}
```

该提取器具有一个名为 unapply()的方法，它接受我们想要匹配的值。当 case Symbol() =>被执行的时候，match 表达式将自动将 input 作为参数发送给 unapply()方法。当我们执行前面的 3 个代码片段时（请记住将对服务的示例调用放置到你代码文件的末尾，以保证能被调用到），我们将得到如下输出：

```
Look up price for valid symbol GOOG
Look up price for valid symbol IBM
Invalid input ERR
```

由于方法名奇怪，unapply() 方法可能会让你感到吃惊。对于提取器，你可能会预期类似于 evaluate() 这样的方法。提取器有这样的方法名的原因是：提取器也可能会有一个可选的 apply() 方法。这两个方法，即 apply() 和 unapply()，执行的是相反的操作。unapply() 方法将对象分解成匹配模式的部分，而 apply() 方法则倾向于将它们再次合并到一起。

让我们进一步改进一下这个示例。现在，我们将能够请求股票报价，作为我们的服务的下一项任务。假设为此所到达的消息的格式是"SYMBOL:PRICE"。我们需要使用模式匹配来匹配这种格式，并采取进一步的动作。下面是修改过后的 process() 方法，用来处理这项额外的任务。

PatternMatching/Extractor.scala

```scala
object StockService {
  def process(input: String): Unit = {
    input match {
      case Symbol() => println(s"Look up price for valid symbol $input")
      case ReceiveStockPrice(symbol, price) =>
        println(s"Received price $$$price for symbol $symbol")
      case _ => println(s"Invalid input $input")
    }
  }
}
```

我们添加了一个新的 case 语句，使用还未编写的提取器 ReceiveStockPrice。这个提取器不同于我们之前编写的 Symbol 提取器——它只是简单地返回一个 Boolean 结果。而 ReceiveStockPrice 需要解析输入，并返回两个值，即 symbol 和 price。在 case 语句中，它们作为参数指定给了 ReceiveStockPrice；然而，它们并不会传入参数。它们是从提取器中传出的参数。因此，我们并没有发送 symbol 和 price。相反，我们正在接收它们。

让我们看一下 ReceiveStockPrice 提取器。正如你所期望的，它有一个 unapply() 方法，该方法将会根据字符：对输入进行切分，并返回一个股票代码和价格的元组。然而，还需要注意的一点是，输入可能不满足"SYMBOL:PRICE"这样的格式。所以为了处理这种可能的情况，这个方法的返回类型应该是 Option[(String,Double)]，在运行时，我们将接收到 Some((String,Double)) 或者 None（参见 5.2.3 节）。下面是 ReceiveStockPrice 提取器的代码。

PatternMatching/Extractor.scala

```
object ReceiveStockPrice {
  def unapply(input: String): Option[(String, Double)] = {
    try {
      if (input contains ":") {
        val splitQuote = input split ":"
        Some((splitQuote(0), splitQuote(1).toDouble))
      } else {
        None
      }
    } catch {
      case _: NumberFormatException => None
    }
  }
}
```

下面是对于该更新后的服务我们可能的使用方式。

PatternMatching/Extractor.scala

```
StockService process "GOOG"
StockService process "GOOG:310.84"
StockService process "GOOG:BUY"
StockService process "ERR:12.21"
```

这段代码的输出结果如下：

```
Look up price for valid symbol GOOG
Received price $310.84 for symbol GOOG
Invalid input GOOG:BUY
Received price $12.21 for symbol ERR
```

上面的代码可以很好地处理前 3 个请求。它接收了有效的输入，并拒绝了无效的。然而，对于最后的请求，其处理并不顺利。即使输入了有效的格式，还是应该因为无效的股票代码 ERR 而被拒绝。我们有两种方式来处理这种情况。一种是在 ReceiveStockPrice 中检查该股票代码是否有效。但是，这是一件导致重复的工作。另一种是在一个 case 语句中应用多个模式匹配。让我们修改 process() 方法来做到这一点。

```
case ReceiveStockPrice(symbol @ Symbol(), price) =>
  println(s"Received price $$$price for symbol $symbol")
```

我们首先应用了 ReceiveStockPrice 提取器，如果成功，它将返回一个结果对。在第一个结果（symbol）上，我们进一步应用了 Symbol 提取器来验证股票代码。我们可以使用一个模式变量，然后在其后面跟上 @ 符号，在该股票代码从一个提取器到另外一个提取器的过程中对股票代码进行拦截，如上面的代码所示。

现在，如果重新运行这个修改后的服务，我们将会得到如下的输出结果：

```
Look up price for valid symbol GOOG
```

```
Received price $310.84 for symbol GOOG
Invalid input GOOG:BUY
Invalid input ERR:12.21
```

你看到了提取器是多么的强大。它们使你几乎可以匹配任意模式。在 unapply() 方法中，你几乎可以控制模式匹配的整个过程，并返回你想要的任意多的组成部分。

如果输入的格式很复杂，你将可能极大地受益于提取器的能力。然而，如果格式相对简单，例如使用正则表达式就能非常容易表达的东西，你可能就不会想要自定义一个提取器了，而是想事半功倍。正则表达式也可以被用作提取器，但是在我们探索这种方式之前，让我们首先看一下如何在 Scala 中创建正则表达式。

9.4.2 正则表达式

Scala 通过 scala.util.matching 包中的类对正则表达式提供了支持。对正则表达式的详细讨论参阅 Jeffrey E. F. Friedl 的 *Mastering Regular Expressions* [Fri97][1]一书。创建正则表达式时，使用的是该包中的 Regex 类的实例。让我们创建一个正则表达式，并用其来检查给定的字符串是否包含 Scala 或者 scala 这个词。

PatternMatching/RegularExpr.scala

```
val pattern = "(S|s)cala".r
val str = "Scala is scalable and cool"
println(pattern findFirstIn str)
```

我们创建了一个字符串，并调用它上面的 r 方法。Scala 隐式地将 String 转换为了 StringOps[2]，并调用该方法以获取 Regex 类的实例。当然，如果我们的正则表达式需要转义字符，那么我们最好使用原始字符串而不是普通字符串。编写和阅读"""\d2:\d2:\d4"""比"\\d2:\\d2:\\d4"容易多了。

要找到正则表达式的第一个匹配项，只需要调用 findFirstln() 方法即可。在上面的例子中，该调用将会在文本中找到 Scala 这个词。

如果不是只查找第一个匹配项，而是希望查找所匹配的单词的所有匹配项，那么我们便可以使用 findAllIn() 方法。

PatternMatching/RegularExpr.scala

```
println((pattern findAllIn str).mkString(", "))
```

这将返回所有匹配的单词的集合。在这个例子中将是(Scala, scala)。最后，我们使

---

① 中文版书名为《精通正则表达式》。——译者注

② 该方法实际上定义在 StringLike 特质上。——译者注

用了 mkString() 方法将生成的列表元素串联在一起。

如果我们想要替换匹配到的文本，那么可以使用 replaceFirstIn() 方法来替换第一个匹配项（如下例所示），或者使用 replaceAllIn() 方法来替换所有匹配项。

PatternMatching/RegularExpr.scala

```
println("cool".r replaceFirstIn (str, "awesome"))
```

执行所有这 3 个正则表达式方法的输出如下：

```
Some(Scala)
Scala, scala
Scala is scalable and awesome
```

如果熟悉了正则表达式，那么在 Scala 中使用它们将是很简单的。

9.4.3 正则表达式作为提取器

Scala 的正则表达式买一赠一。当你创建了一个正则表达式时，将免费得到一个提取器。Scala 的正则表达式是提取器，所以可以马上将其应用到 case 表达式中。Scala 将放置在括号中的每个匹配项看作是一个模式变量。因此，例如，一方面，"(Sls)cala".r 的 unapply() 方法将会保存返回 Option[String]，另一方面，"(Sls)(cala)".r 的 unapply() 方法将会返回 Option[(String,String)]。让我们用一个例子来探索这个特性。下面是使用正则表达式匹配 "GOOG:price" 并提取价格的一种方式。

PatternMatching/MatchUsingRegex.scala

```
def process(input: String): Unit = {
  val GoogStock = """^GOOG:(\d*\.\d+)""".r
  input match {
    case GoogStock(price) => println(s"Price of GOOG is $$$price")
    case _ => println(s"not processing $input")
  }
}
process("GOOG:310.84")
process("GOOG:310")
process("IBM:84.01")
```

我们创建了一个正则表达式，用来匹配以 "GOOG:" 开头，后面跟着一个正的十进制数的字符串。我们将其存储到一个名为 GoogStock 的 val 中。在幕后，Scala 将会为这个提取器创建了一个 unapply() 方法。它将返回与括号内的模式相匹配的值——price。

```
Price of GOOG is $310.84
not processing GOOG:310
not processing IBM:84.01
```

我们刚刚创建的提取器并不是真正可复用的。它查找股票代码 "GOOG"，但是，如果我

们想要匹配其他的股票代码，它就不是很有用了。不用做太多工作，我们就可以使其变得可复用。

```
def process(input: String): Unit = {
  val MatchStock = """^(.+):(\d*\.\d+)""".r
  input match {
    case MatchStock("GOOG", price) => println(s"We got GOOG at $$$price")
    case MatchStock("IBM", price) => println(s"IBM's trading at $$$price")
    case MatchStock(symbol, price) => println(s"Price of $symbol is $$$price")
    case _ => println(s"not processing $input")
  }
}
process("GOOG:310.84")
process("IBM:84.01")
process("GE:15.96")
```

在这个例子中，我们的正则表达式匹配以任何字符或者数字开头，后面跟着一个冒号，然后是正的十进制数结束的任何字符串。所生成的 unapply() 方法将会把:符号的前面和后面部分作为两个单独的模式变量返回。我们可以匹配特定的股票，如“GOOG”和“IBM”，也可以简单地接收发送给我们的任意股票代码。这段代码的输出结果如下：

```
We got GOOG at $310.84
IBM's trading at $84.01
Price of GE is $15.96
```

正如所看到的，在 Scala 中正则表达式和模式匹配密不可分。

9.5　无处不在的下划线字符

_（下划线）这个字符在 Scala 中似乎无处不在，我们已经在这本书中看过它很多次了。到目前为止，它可能是 Scala 中使用最广泛的符号。如果知道了它在不同场景下使用的意义，那么在下一次遇到时，你就不会那么惊讶了。下面列出了这个符号在不同场景下的用途清单。

- 作为包引入的通配符。例如，在 Scala 中 import java.util._ 等同于 Java 中的 import java.util.*。
- 作为元组索引的前缀。对于给定的一个元组 val names = ("Tom", "Jerry")，可以使用 names._1 和 names._2 来分别索引这两个值。
- 作为函数值的隐式参数。代码片段 list.map { _ * 2 }和 list.map { e => e * 2 }是等价的。同样，代码片段 list.reduce { _ + _ }和 list.reduce { (a, b) => a + b }也是等价的。
- 用于用默认值初始化变量。例如，var min : Int = _ 将使用 0 初始化变量 min，而 var msg : String = _ 将使用 null 初始化变量 msg。
- 用于在函数名中混合操作符。你应该还记得，在 Scala 中，操作符被定义为方法。例

如，用于将元素前插到一个列表中的::()方法。Scala 不允许直接使用字母和数字字符的操作符。例如，foo:是不允许的，但是可以通过使用下划线来绕过这个限制，如 foo_:。

- 在进行模式匹配时作为通配符。case _将会匹配任意给定的值，而 case _:Int 将匹配任何整数。此外，case <people>{_*}</people>将会匹配名为 people 的 XML 元素，其具有 0 个或者多个子元素。
- 在处理异常时，在 catch 代码块中和 case 联用。
- 作为分解操作的一部分。例如，max(arg: _*)在将数组或者列表参数传递给接受可变长度参数的函数前，将其分解为离散的值。
- 用于部分应用一个函数。例如，在代码片段 val square = Math.pow(_: Int, 2)中，我们部分应用了 pow()方法来创建了一个 square()函数。

_符号的目的是为了使代码更加简洁和富有表现力。开发人员应该根据自己的判断来决定何时使用该符号。只在代码真的变得更加简洁的时候才使用它，也就是说，代码是透明的，而且易于理解和维护。当你觉得代码变得生硬、难以理解或者晦涩时，就避免使用它。

9.6　小结

在本章中，我们看到了 Scala 最强大的特性之一。首先，我们可以匹配简单的字面量、类型、元组、列表等。如果想要对模式匹配进行更多的控制，则可以使用 case 类或者令人着迷的提取器。我们还看到了如何使用正则表达式来作为提取器。如果只是想匹配简单的字面量，那么 match 语句就已经足够了。如果想要匹配任意的模式，那么 Scala 的提取器将是我们的好朋友。在本书后面的并发编程部分，我们将再次看到模式匹配是如何闪闪发光的。

第 **10** 章

处理异常

Java 的受检异常（checked exception）会强制开发人员捕获错误，包括那些开发人员并不关心的，因此 Java 程序员经常会写一个空的 catch 代码块来抑制相关的异常，而不是将其引渡至合理的位置上进行处理。Scala 不这样做。它让开发人员只处理自己关心的异常，并忽略其他异常。这些没有处理的异常将会自动地传播。在本章中，我们将学到如何在 Scala 中处理异常。

10.1 Scala 中的异常

虽然 Scala 支持 Java 的异常处理语义，但是 try-catch 的语法却是截然不同的。此外，Scala 也不区分受检异常和不受检异常——它将所有的异常都看作是不受检异常[①]。

在 Scala 中，抛出（throw）异常的方式和 Java 中的方式保持一致。例如：

```
throw new IllegalArgumentException
```

还记得，在创建实例的时候，在类名 IllegalArgumentException 之后可以不加空括号[②]，同时分号也是可选的[③]。

你也可以像在 Java 中一样使用 try 代码块。然而，Scala 并不强迫你捕获你并不关心的异常——即使是受检异常。这可以避免你添加不必要的 catch 代码块——你只需让自己不想捕获的异常按照调用链向上传播即可。例如，如果想要调用 Thread 类的 sleep()方法，那么不是像下面这样：

```
// Java 代码
try {
```

① 即不强制你对异常进行捕获。——译者注

② 在 Scala 中，如果一个类具有接受 0 个参数的构造函数，那么在创建实例时，可以不用编写括号。——译者注

③ 在行末并不推荐使用分号。——译者注

```
    Thread.sleep(1000);
}
catch(InterruptedException ex) {
    // 被唤醒之后这里应该做些什么呢？
}
```

我们可以简单地编写像下面这样的语句：

```
Thread.sleep(1000)
```

Scala 并不要求我们编写不必要的 try-catch 代码块。

当然，我们肯定应该处理自己能够处理的异常——这也是 catch 语句块的意义所在。在 Scala 中，catch 代码块的语法是截然不同的，我们使用模式匹配来进行异常处理。让我们看一个 try-catch 代码块的例子。首先，下面是可能会引发不同异常的代码。

ExceptionHandling/Tax.scala

```
object Tax {
  def taxFor(amount: Double): Double = {
    if (amount < 0)
      throw new IllegalArgumentException("Amount must be greater than zero")

    if (amount < 0.01)
      throw new RuntimeException("Amount too small to be taxed")

    if (amount > 1000000) throw new Exception("Amount too large...")

    amount * 0.08
  }
}
```

让我们调用 taxFor() 方法，并处理一些异常。

ExceptionHandling/ExceptionHandling.scala

```
for (amount <- List(100.0, 0.009, -2.0, 1000001.0)) {
  try {
    print(s"Amount: $$$amount ")
    println(s"Tax: $$${Tax.taxFor(amount)}")
  } catch {
    case ex: IllegalArgumentException => println(ex.getMessage)
    case ex: RuntimeException =>
      // 如果需要一段代码来处理异常
      println(s"Don't bother reporting...${ex.getMessage}")
  }
}
```

下面是这段代码的输出结果，带有部分栈追踪：

```
Amount: $100.0 Tax: $8.0
Amount: $0.009 Don't bother reporting...Amount too small to be taxed
```

```
Amount: $-2.0 Amount must be greater than zero
Amount: $1000001.0 java.lang.Exception: Amount too large...
    at Tax$.taxFor(Tax.scala:9)
...
```

根据不同的输入，`taxFor()`方法可能会抛出 3 种不同的异常。`catch` 代码块含有两个 `case` 语句，它们将处理其中的两种异常。上面的输出结果展示了这些代码块是如何处理这两种异常的。第三种未被处理的异常将会导致程序异常终止，并打印出栈追踪的详细信息。`case` 语句的顺序非常重要，我们将在下一节中对其进行讨论。

在前面的例子中，我们看到了如何捕获特定的异常。如果我们想要捕获任何抛出的异常，那么我们可以捕获 `Throwable`[①]，如果我们并不关心异常的详细信息，那么我们也可以使用 `_` 来代替变量名，如下例所示。

ExceptionHandling/CatchAll.scala

```scala
for (amount <- List(100.0, 0.009, -2.0, 1000001.0)) {
  try {
    print(s"Amount: $$$amount ")
    println(s"Tax: $$${Tax.taxFor(amount)}")
  } catch {
    case ex: IllegalArgumentException => println(ex.getMessage)
    case _ : Throwable => println("Something went wrong")
  }
}
```

该捕获所有异常的`catch`语句捕获了除了`IllegalArgumentException`之外的所有异常，其中`IllegalArgumentException`具有其专门的 `catch` 代码块，正如我们将在下面的输出结果中所看到的：

```
Amount: $100.0 Tax: $8.0
Amount: $0.009 Something went wrong
Amount: $-2.0 Amount must be greater than zero
Amount: $1000001.0 Something went wrong
```

Scala 还支持 `finally` 代码块——和 Java 中一样，它的执行与 `try` 代码块中的代码是否抛出异常无关。

在 Scala 中，如同捕获受检异常是可选的一样，声明受检异常也是可选的。Scala 不要求我们声明我们将要抛出的异常。要了解和 Java 进行互操作的相关内容，参见 14.6 节。

10.2 注意 **catch** 的顺序

和 Java 不同，我们必须要注意多个 `catch` 代码块的放置顺序。在这方面，Java 编译器

---

① 这样做是非常欠妥的，一般的做法是使用 `case NonFatal(e) => …`。——译者注

比 Scala 编译器更加警觉。当尝试处理多种异常时，Java 将会检查我们放置多个 catch 代码块的顺序。下面的例子将会产生一个编译错误。

ExceptionHandling/JavaCatchOrder.java

```java
// Java 代码——由于不正确的 catch 顺序，编译无法通过
public class JavaCatchOrder {
  public void catchOrderExample() {
    try {
      String str = "hello";
      System.out.println(str.charAt(31));
    }
    catch(Exception ex) { System.out.println("Exception caught"); }
    catch(StringIndexOutOfBoundsException ex) { // 编译错误
      System.out.println("Invalid Index"); }
  }
}
```

如果编译这段代码，我们将会得到下面的错误信息：

```
JavaCatchOrder.java:10: error: exception StringIndexOutOfBoundsException
has already been caught
    catch(StringIndexOutOfBoundsException ex) { // 编译错误
    ^
1 error
```

在 Scala 中，用于 catch 代码块的模式匹配代码将按照它们被编写顺序生效。可惜的是，如果前面的语句处理了你本打算在后面的语句中处理的异常，Scala 并不会警告你。我们可以在下面的示例中看到这一点。

ExceptionHandling/CatchOrder.scala

```scala
val amount = -2
try {
  print(s"Amount: $$$amount ")
  println(s"Tax: $$${Tax.taxFor(amount)}")
} catch {
  case _ : Exception => println("Something went wrong")
  case ex: IllegalArgumentException => println(ex.getMessage)
}
```

上述代码的输出结果如下：

```
Amount: $-2 Something went wrong
```

第一个 case 语句匹配了 Exception 及其所有子类。结果，第二个 case 语句这时就变得多余了，编译时也没有警告或者错误提示。[1]当使用多个 catch 代码块的时候，我们必

---

[1] 这个行为可能会在未来的 Scala 版本中改善。——译者注

须要确保异常能够按照自己预期的方式被正确地处理。

10.3　小结

在这简短的一章中，我们学习了 Scala 处理异常简洁而优雅的方式。Scala 不要求开发人员捕获自己不关心的异常。这让我们可以将异常传播到代码中更高级别的部分处理。除不同的语法之外，我们还学习了与 catch 代码块处理顺序相关的陷阱。

第 **11** 章

递归

使用解决子问题的方案解决一个问题，也就是递归，这种想法十分诱人。许多算法和问题本质上都是递归的。一旦我们找到窍门，使用递归来设计解决方案就变得极富表现力且直观。

一般来说，递归最大的问题是大规模的输入值会造成栈溢出。但幸运的是，在 Scala 中可以使用特殊构造的递归来规避这个问题。在本章中，我们将分别探讨强大的尾调用优化（tail call optimization）技术以及 Scala 标准库中的相关支持类。使用这些易于访问的工具，就可以在高度递归的算法实现中既可以处理大规模的输入值又能同时规避栈溢出（即触发 StackOverflowError）的风险。

11.1　一个简单的递归

递归在许多算法中广泛使用，如快速排序、动态规划、基于栈的操作等。递归极富表现力而且直观。有时候我们使用递归来避免可变（状态）。让我们看一个使用递归的场景。为了专注于递归问题本身，又不陷入问题或者领域本身的复杂性中，这里做了一些简化。

ProgrammingRecursions/Factorial.scala

```
1 def factorial(number: Int): BigInt = {
2   if (number == 0)
3     1
4   else
5     number * factorial(number - 1)
6 }
```

factorial() 函数接收一个参数，如果参数值为 0，则返回值为 1；否则，它返回参数值与参数值减 1 的阶乘的乘积。

在 Scala 中编写递归函数和编写其他函数唯一的区别在于：递归函数的返回值类型必须显式指定。这样设计的原因在于，因为函数至少在一条执行路径中调用自己，而 Scala 不想承担推导返回类型的负担。

让我们用一个相对较小的输入值来运行 `factorial()` 函数：

```
println(factorial(5))
```

这一调用会很快运行并产生期望的结果，表明 Scala 能很好地处理递归调用：

```
120
```

仔细看看 `factorial()` 函数中第 5 行的代码，最后一个操作是乘法（`*`）。在每次通过函数调用时，`number` 参数的值都会在栈中暂存，并等待接下来的调用结果。如果输入参数是 5，在递归结束前，调用最深可至 6 层。

栈是有限的资源且无法无限增长。对于很大的输入值，简单的递归很快就会遇到麻烦。例如，尝试用一个比较大的值调用 `factorial()` 函数，像这样。

```
println(factorial(10000))
```

这次调用注定会抛出：

```
java.lang.StackOverflowError
```

概念上虽然强大而优雅，却无法胜任一些实际的需求，这种糟糕的命运可悲可叹。

大多数支持递归的编程语言都在递归的使用上有限制。可喜的是，也有一些编程语言，如 Scala，提供了一些好用的特性规避这些问题，详见 11.2 节。

11.2 尾调用优化（TCO）

虽然很多编程语言支持递归，但只有一些编译器在递归调用上做了进一步的优化。常见的方法是，将递归转化成迭代以避免栈溢出的问题。

迭代不会遭受在递归中易出现的栈溢出问题，但却没有足够的表现力。经过优化后，我们可以写出极富表现力且直观的代码，让编译器在运行前将递归转化为更安全的迭代（可以参考 Abelson 和 Sussman 的 *Structure and Interpretation of Computer Programs*[①][AS96]一书）。然而，并不是所有的递归都能够转化为迭代。只有具有特殊结构的递归——尾递归，才能享受这种特权。让我们深入探索这种特性。

在 `factorial()` 函数中，第 5 行上的最后一次调用是乘法。在尾递归中，最终的调用应该是调用这个函数本身。在那种情况下，这个函数调用被说成在尾部。我们将用尾递归重写 `factorial()` 函数，但让我们先用另外一个例子来说明这样做的好处。

---

① 中文版书名为《计算机程序的构造和解释》。——译者注

11.2.1　常规递归并无优化

Scala 并不会对常规递归进行优化，只会优化尾递归。让我们用一个例子来看一下这种差别。

在下一个例子中，mad() 函数在参数为 0 时会抛出一个异常。注意，递归的最后一个操作是乘法。

ProgrammingRecursions/Mad.scala
```
def mad(parameter: Int): Int = {
  if (parameter == 0)
    throw new RuntimeException("Error")
  else
    1 * mad(parameter - 1)
}

mad(5)
```

从这段代码的运行结果中摘录部分如下：

```
java.lang.RuntimeException: Error
    at Main$$anon$1.mad(mad.scala:3)
    at Main$$anon$1.mad(mad.scala:5)
    at Main$$anon$1.mad(mad.scala:5)
    at Main$$anon$1.mad(mad.scala:5)
    at Main$$anon$1.mad(mad.scala:5)
    at Main$$anon$1.mad(mad.scala:5)
    at Main$$anon$1.<init>(mad.scala:8)
```

所摘录的栈跟踪表明在异常抛出之前，我们调用了 6 次 mad() 函数。这正是我们所期望的常规递归调用的方式。

11.2.2　用尾调用优化来拯救

并不是所有支持递归的编程语言都支持尾调用优化。例如，Java 就不支持尾调用优化，所有的递归，不管是不是尾部调用，都注定会在输入大值时栈溢出。Scala 则很容易支持尾调用优化。

我们改造一下 mad() 函数，去除多余的乘 1 操作。这将使调用在尾部递归——对函数的调用在最后，即在尾部。

```
def mad(parameter: Int): Int = {
  if (parameter == 0)
    throw new RuntimeException("Error")
  else
    mad(parameter - 1)
}

mad(5)
```

让我们看一下这个修改版的输出结果：

```
java.lang.RuntimeException: Error
    at Main$$anon$1.mad(mad2.scala:3)
    at Main$$anon$1.<init>(mad2.scala:8)
```

两个版本中调用 mad() 函数的次数是一样的。然而，修改版的栈跟踪表明，在抛出异常时，深度只有 1 层，而不是 6 层。这是因为 Scala 的尾递归优化做了一些改善工作。

可以用 scala 命令的 -save 选项拿到优化细节的第一手资料，像这样：scala -save mad.scala。这会将字节码保存到一个名为 mad.jar 的文件中，然后运行 jar xf mad.jar 以及 javap -e -private Main\$\$anon\$1.class，就可以展示 Scala 编译器生成的字节码。

我们先看一下为作为常规递归编写的 mad() 函数生成的字节码。

```
private int mad(int);
    Code:
        0: iload_1
        1: iconst_0
        2: if_icmpne      15
        5: new            #14                  // 类
java/lang/RuntimeException
        8: dup
        9: ldc            #16                  // 字符串 Error
       11: invokespecial #20                  // 方法
java/lang/RuntimeException."<init>":(Ljava/lang/String;)V
       14: athrow
       15: iconst_1
       16: aload_0
       17: iload_1
       18: iconst_1
       19: isub
       20: invokespecial #22                  // 方法 mad:(I)I
       23: imul
       24: ireturn
```

在 mad() 方法的末尾，标记为 20 行的地方，有个名为 invokeSpecial 的字节码，表明该调用是递归的。现在我们修改代码，使其变成尾递归，然后再看一下生成的字节码。

```
private int mad(int);
    Code:
        0: iload_1
        1: iconst_0
        2: if_icmpne      15
        5: new            #14                  // 类
java/lang/RuntimeException
        8: dup
        9: ldc            #16                  // 字符串 Error
```

```
11: invokespecial #20                    // 方法
java/lang/RuntimeException."<init>":(Ljava/lang/String;)V
14: athrow
15: iload_1
16: iconst_1
17: isub
18: istore_1
19: goto              0
```

我们看到的已经不是 invokeSpecial 而是 goto，goto 是一个简单的跳转，表明是简单的迭代而不是递归方法调用。从我们（使用）的角度看，这种机智的优化无须耗费太多精力。

11.2.3　确保尾调用优化

编译器会将尾递归自动转化成迭代。这种隐性优化非常好，但也让人略感不安——没有直接可见的反馈可供辨别。为了推断是否是尾递归，我们需要检查字节码或者检查大的输入值是否会导致代码运行失败。这样做太麻烦了。

还好 Scala 提供了一个注解，辅助尾递归的编写。可以用 tailrec 注解标记任何函数，Scala 会在编译时检查函数是否是尾递归的。如果不是，那么函数不能被优化，编译器会严格地报错。

为了检查这个注解是否生效，可以在 factorial() 函数上标注，像下面这样：

```
@scala.annotation.tailrec
def factorial(number: Int): BigInt = {
  if (number == 0)
    1
  else
    number * factorial(number - 1)
}

println(factorial(10000))
```

因为这个版本的 factorial() 函数是常规递归，而不是尾递归，因此编译器会报一个恰当的错误：

```
error: could not optimize @tailrec annotated method factorial: it contains
a recursive call not in tail position
    number * factorial(number - 1)
           ^
error found
```

将一个常规递归改写成尾递归并不难。我们可以做预计算，将部分结果放置在参数中，而不是在递归调用方法返回的时候做乘法操作。下面是重构之后的代码：

```
@scala.annotation.tailrec
```

```
def factorial(fact: BigInt, number: Int): BigInt = {
  if (number == 0)
    fact
  else
    factorial(fact * number, number - 1)
}

println(factorial(1, 10000))
```

修改后的 `factorial()` 函数接收两个参数，其中第一个参数 `fact` 是已经计算出来的部分结果。对 `factorial()` 函数的递归调用发生在尾部，符合函数头部的注解。在做了这样的更改之后，Scala 就不会报错，而会在调用中做优化。

下面是这个版本的函数的运行结果：

```
28462596809170545189064132121198688901480514017027992307941799942744113400
...
```

只要是尾递归，Scala 都会做尾调用优化。注解是可选的，使用之后明晰了优化的意图。使用注解是一个好方法。它能够在代码重构中保证函数尾递归的性质，并让以后重构这段代码的程序员注意到这个细节。

11.3　蹦床调用

尽管 Scala 中的尾调用优化非常强大，但也有诸多限制。编译器只能够检测到直接的递归，也就是说函数调用自己。如果两个函数相互调用，也就是蹦床调用（trampoline call），那么 Scala 就无法检测到这种递归，也不会做优化。

尽管 Scala 编译器并不支持蹦床调用的优化，但是我们可以用 `TailRec` 类来避免栈溢出的问题。

我们先来看一个在比较大的输入值下会栈溢出的蹦床调用例子。

ProgrammingRecursions/Words.scala

```
import scala.io.Source._

def explore(count: Int, words: List[String]): Int =
  if (words.isEmpty)
    count
  else
    countPalindrome(count, words)

def countPalindrome(count: Int, words: List[String]): Int = {
  val firstWord = words.head

  if (firstWord.reverse == firstWord)
```

```
    explore(count + 1, words.tail)
  else
    explore(count, words.tail)
}

def callExplore(text: String): Unit = println(explore(0, text.split(" ").toList))

callExplore("dad mom and racecar")

try {
  val text =
    fromURL("https://en.wikipedia.org/wiki/Gettysburg_Address").mkString
  callExplore(text)
} catch {
  case ex: Throwable => println(ex)
}
```

explore() 函数将部分结果 count 和单词列表作为参数。如果列表是空的，那么直接返回 count 的值；否则，会调用 countPalindrome() 方法。countPalindrome() 方法会依次检查列表中的第一个单词是否回文。如果是，则调用 explore() 方法，其参数 count 的值加 1；否则，就调用 explore() 方法，参数 count 的值不变。在这两种情况下，传递给 explore() 函数的列表都会将第一个元素移除。

callExplore() 函数将一串文本作为输入，以空格为分隔符分隔成单词数组，并将数组转化为列表，然后传递给 explore() 函数，并最终输出计算结果。

我们调用 callExplore() 两次，第一次输入的是很短的字符串，第二次用从网络获取的大块文本作为参数。我们来看一下代码的执行结果：

```
3
java.lang.StackOverflowError
```

对于短字符串，这段代码正确地识别出了回文字符串的数量。然而，对于长文本，它会陷入困难。

用 @scala.annotation.tailrec 去标记例子中的函数不会有效果——你将会得到错误提示，表明这些函数都不是递归的。Scala 编译器无法识别跨方法的递归。

像这种函数间相互调用产生的递归，我们可以用 TailRec 类和 scala.util.control. TailCalls 包中的可用函数解决。

TailRec 的实例将会保存函数值（参见第 6 章）。TailRec 中的 result() 函数是一个简单的迭代器或者说是循环。它会取出保存在 TailRec 中的内部函数，检查它是不是子类 Call 或者 Done 的实例。如果是 Call 的实例，那么它会发信号通知调用继续执行，迭代会继续执行内部函数以便做进一步的处理。如果是 Done 的实例，那么它会发信号通知迭代终止，并将内部函数中留存的结果返回。

如果要继续递归，那么使用 tailcall() 函数。要终止递归，就用 done() 函数。done() 又会创建 Done 的实例。让我们通过使用 TailRec 来重构代码，把这些知识应用到先前的代码示例中。

ProgrammingRecursions/WordsTrampoline.scala

```scala
import scala.io.Source._
import scala.util.control.TailCalls._

def explore(count: Int, words: List[String]): TailRec[Int] =
  if (words.isEmpty)
    done(count)
  else
    tailcall(countPalindrome(count, words))

def countPalindrome(count: Int, words: List[String]): TailRec[Int] = {
  val firstWord = words.head

  if (firstWord.reverse == firstWord)
    tailcall(explore(count + 1, words.tail))
  else
    tailcall(explore(count, words.tail))
}

def callExplore(text: String): Unit =
  println(explore(0, text.split(" ").toList).result)

callExplore("dad mom and racecar")

try {
  val text =
    fromURL("https://en.wikipedia.org/wiki/Gettysburg_Address").mkString
  callExplore(text)
} catch {
  case ex: Throwable => println(ex)
}
```

explore() 方法返回 TailRec 而不是 Int。如果列表是空的，那么它会返回在期望结果上调用 done() 函数的结果。调用 tailcall() 方法，则继续递归。类似地，countPalindrome() 方法会在合适的函数值上调用 tailcall() 方法继续递归。

这里需要谨记的关键点就是，done() 和 tailcall() 方法都只是简单地将它们的参数包装一下，以供后续调用或者延迟执行，并立即返回结果。而实际决定是继续执行还是终止发生在 result() 函数的内部，我们在 explore() 函数的结果上调用了 result() 函数。这关键的一步是在 callExplore() 中完成的。

运行这个修改过的版本，可以看到这段代码已经不会再出现栈溢出的问题了：

3
352

　　尽管 Scala 会对尾递归的调用进行自动优化，但是它没有在编译器层面对蹦床调用做优化。但如你所见，通过使用 Scala 标准库，我们就可以轻松避免（由蹦床调用导致的）栈溢出的问题。

11.4　小结

　　使用递归可以对很多问题给出美观、直观以及富有表现力的解决方案。然而，程序员往往会避免递归或者不愿意使用递归，因为在输入值比较大的时候容易栈溢出。Scala 编译器内置了递归优化，可以将尾部递归直接转化成迭代，从而避免栈溢出。这种优化让我们在能够使用递归简化代码时更加自由，无须担忧栈溢出。在 Scala 标准库的支持下，蹦床递归的处理也变得轻松很多。使用这两种解决方案，不但解决关键算法和关键问题的代码量大大减少，而且额外的顾虑也变得很少。

　　既然谈到了关键算法和关键问题，那么我们接下来看一下 Scala 对并发的支持如何让代码执行更快且响应更及时。

第三部分

Scala 中的并发编程

并发编程是意外的复杂性之一。[①]Scala 提供了一些优雅的解决方案。读者将了解：

- 惰性求值有哪些优势；
- 严格集合和惰性集合之间有哪些差异[②]；
- 如何使用并行集合；
- 如何避免共享的可变性；
- 如何使用 Actor 进行并发编程[③]。

---

① 指并发编程本来不应该如此复杂。——译者注
② 可以和求值策略进行对照。——译者注
③ 在本书中将使用 Akka 套件。——译者注

第 **12** 章

惰性求值和并行集合

即时响应性是一项决定任何应用程序成败的关键因素。其他因素，如商业价值、易用性、可用性、成本以及回弹性，也很重要，但是即时响应性是最重要的——我们人类大约需要 250 ms 来感知任何的移动，超过 5 s 的延迟就变得不可接受了。任何可以降低响应时间的努力都会产生巨大的影响，能够使客户更加满意，进而赢得他们的信任。

可以通过以下两种方式来提高应用程序的即时响应性。一种是使用多线程来更快地进行计算，也就是说，并行地运行多个任务[①]，而不是一个一个地运行；另一种不是更快地运行这些任务，而是明智地运行它们，并将任务的执行尽可能地推迟。

推迟求值，即惰性求值，将会有两方面的裨益：首先，可以仅仅运行和当前计算相关的任务，稍后再执行其他的任务，其次，如果对于当前的计算来说，被推迟的任务的结果是不被需要的，那么就可以节省下本将花费在运行这些任务上的时间和资源。这通常被称为惰性求值，是一种提高效率和即时响应性的好方法。

在本章中，我们将学习如何使用这两种技术——如何使用惰性求值，以及如何使用并行集合来利用并行性。

12.1 释放惰性

惰性求值对你来说可能比较陌生，其实在正式这样叫它之前，你可能已经使用过它了。许多编程语言都支持条件的短路求值[②]（short-circuit evaluation）。在具有多个&&或者||符号的条件表达式中，如果某个参数的求值结果就足以确定整个表达式的值，那么表达式中剩下

[①] 并发和并行实际上是完全不同的两个概念，在一个不支持超线程的单核 CPU 上并发运行这些任务时，将不再具有并行性。——译者注

[②] 短路求值又称最小化求值。——译者注

的参数都不会被求值。下面是一个简单的短路求值的例子。

Parallel/ShortCircuit.scala

```scala
def expensiveComputation() = {
  println("...assume slow operation...")
  false
}

def evaluate(input: Int): Unit = {
  println(s"evaluate called with $input")
  if (input >= 10 && expensiveComputation())
    println("doing work...")
  else
    println("skipping")
}

evaluate(0)
evaluate(100)
```

如果参数值小于 10，那么 evaluate() 方法中的 expensiveComputation() 方法将不会被执行，正如我们在输出中所看到的：

```
evaluate called with 0
skipping
evaluate called with 100
...assume slow operation...
skipping
```

我们可以说，该程序对于 expensiveComputation() 方法的求值是相当惰性的。只有当输入值为 10 或者更大时才会计算该方法。然而这个程序并不是完全惰性的。为了观察到这一点，让我们稍微改一下代码。

```scala
val perform = expensiveComputation()
if (input >= 10 && perform)
```

我们先调用了 expensiveComputation() 方法，并将其结果存储在一个名为 perform 的不可变变量中，然后在条件表达式中使用了该值。当我们运行这个修改后的版本时，不管是否需要或者用到 perform 变量的值，该程序都会积极地对该方法进行求值，正如我们从输出结果所看到的——这太糟糕了。

```
evaluate called with 0
...assume slow operation...
skipping
evaluate called with 100
...assume slow operation...
skipping
```

Scala 并不会向前看，从而确定这次计算的结果是否会被用到，但是我们可以使它的求值过程惰性化，以便在其值被真正需要之前，推迟对值的求取过程。而这样做几乎不费吹灰之力——毕竟，你也不想使用惰性求值那么麻烦。

让我们对代码再进行一次改进，以便对变量进行惰性求值。

```
lazy val perform = expensiveComputation()
if (input >= 10 && perform)
  println("doing work...")
```

我们将不可变变量 perform 声明为 lazy[①]。这将告诉 Scala 编译器推迟绑定变量和它的值，直到该值被使用时为止。如果我们从未使用过该值，那么该变量将不会被绑定，因此，也永远不会对生成该值的函数求值。从输出中我们可以看到这种行为：

```
evaluate called with 0
skipping
evaluate called with 100
...assume slow operation...
skipping
```

可以将任何变量标记为 lazy[②]，这样对该变量值的绑定将会被推迟到它首次被使用时。

这看起来妙极了，为什么不在所有的情况下将所有的变量都标记为 lazy 呢？原因是副作用。假设为惰性变量生成值的计算过程没有任何的副作用，也就是说，它们不会影响任何的外部状态，同时也不会受到外部状态的影响。那么在这种情况下，它们的求值顺序对我们来说是毫无影响的。但是，如果计算具有副作用，那么这些变量的（值的）绑定顺序就有关系了。为了更好地理解这一点，我们一起来看一个拥有两个惰性变量的例子。

Parallel/LazyOrder.scala
```
import scala.io._

def read = StdIn.readInt()

lazy val first = read
lazy val second = read

if (Math.random() < 0.5)
  second

println(first - second)
```

read() 函数从控制台读取一个 Int 值。我们调用了该函数两次，但将调用的结果分别赋值给了 first 和 second 两个变量。因为这两个变量都被声明为 lazy，所以它们此时都

---

① 在未来的版本中，Scala 可能会对 lazy val 进行改进。——译者注

② lazy 关键字只能用于修饰不可变变量 val，而不能用于修饰可变变量 var。——译者注

不会绑定到它们的值。然后，如果调用 random() 方法返回的值小于 0.5，那么变量 second 的值将会在 if 语句的主体部分被首次引用，并导致变量 second 在变量 first 之前被绑定和求值。当我们运行这段代码时，大约有一半的时间里，变量 second 将被首先引用，所以它也将被首先绑定。但是，在大约另外一半的时间里，变量 first 都会在变量 second 之前被绑定。因此，调用 read() 函数所读取到的值，将以随机顺序绑定到这两个变量。在这种情况下结果就是，不可交换（non-commutative）计算将变得不可预知。

让我们运行这段代码两次，每次都按顺序使用完全一样的输入，即 1 和 2，并查看输出结果：

```
> scala LazyOrder.scala
1
2
1
> scala LazyOrder.scala
1
2
-1
>
```

虽然声明惰性变量毫不费力，但是对于将什么变量声明为 lazy，却必须要十分谨慎。

12.2　释放严格集合的惰性

你已经学习了如何声明惰性变量。为何止步于此？你甚至可以使整个集合惰性起来。

在第 8 章中学习过的所有集合都称为严格集合。在它们之上的所有动作（即方法）在被调用的时候都是严格执行的。虽然有时这样不错，但是变得懒惰依然有所裨益。让我们用一些例子来探讨这个问题。

为了看到及早求值（严格求值）与惰性求值的差异，我们将使用 print 语句来展示在下一个例子中进行的调用。我们从一个元组列表开始，其中每个元素都包含了一个姓名和一个年龄值。我们感兴趣的是从列表中选取第一个满足要求的人——姓名以字母 J 开头并且年龄大于 17 岁。让我们首先用严格集合来编程处理这个问题。

```
Parallel/StrictCollection.scala

val people = List(("Mark", 32), ("Bob", 22), ("Jane", 8), ("Jill", 21),
  ("Nick", 50), ("Nancy", 42), ("Mike", 19), ("Sara", 12), ("Paula", 42),
  ("John", 21))

def isOlderThan17(person: (String, Int)) = {
  println(s"isOlderThan17 called for $person")
  val (_, age) = person
  age > 17
}
```

```
def isNameStartsWithJ(person: (String, Int)) = {
  println(s"isNameStartsWithJ called for $person")
  val (name, _) = person
  name.startsWith("J")
}

println(people.filter { isOlderThan17 }.filter { isNameStartsWithJ }.head)
```

我们创建了一个含有 10 个元组的列表，并将其赋值给了 people 变量。每个元组都持有了一个字符串和一个整数，分别表示一个虚构的人的名字和年龄。如果元组中的第二个值（即 age）大于 17，则 isOlderThan17() 函数将会返回 true。同样，如果元组中的第一个值以字母 J 开头，那么 isNameStartsWithJ() 函数将会返回 true。在传递给 println() 方法的简洁参数中，我们在列表上执行了主要操作。我们从列表开始，首先根据年龄，然后再根据姓名，筛选出多个元组，并在最后只保留结果列表中的第一个值。

运行这段代码以查看最终的结果，以及计算过程中所执行的各种操作。

```
isOlderThan17 called for (Mark,32)
isOlderThan17 called for (Bob,22)
isOlderThan17 called for (Jane,8)
isOlderThan17 called for (Jill,21)
isOlderThan17 called for (Nick,50)
isOlderThan17 called for (Nancy,42)
isOlderThan17 called for (Mike,19)
isOlderThan17 called for (Sara,12)
isOlderThan17 called for (Paula,42)
isOlderThan17 called for (John,21)
isNameStartsWithJ called for (Mark,32)
isNameStartsWithJ called for (Bob,22)
isNameStartsWithJ called for (Jill,21)
isNameStartsWithJ called for (Nick,50)
isNameStartsWithJ called for (Nancy,42)
isNameStartsWithJ called for (Mike,19)
isNameStartsWithJ called for (Paula,42)
isNameStartsWithJ called for (John,21)
(Jill,21)
```

如果你认为这看起来不太高效，那么你猜对了。第一个 filter() 操作将会检查该原始集合中的每一个元组——它是严格的（即及早求值的）。结果是一个新元组的集合，其中只含有代表了超过 17 岁的人的元组。接着，第二个 filter() 操作将会检查第二个列表中的每个元组，从而生成最终只包含其名字以字母 J 开头的成年人（大于 17 岁）的列表。最后，head 操作将会取出（该最终列表中的）第一个元组。工作量的确很大。

你可以使用（严格集合上的）view() 方法来获取一个严格集合的惰性视图。严格集合在操作被调用时将会立即求值，而惰性集合则会推迟相应的操作。当且仅当请求了非惰性或者非视图的结果时，操作才会被执行。换句话说，在请求严格的或者非惰性的结果之前，它将保持惰性，并且避免（进行实际的）计算。在前一个例子中的严格集合上调用第一个 `filter()` 操作之前，让我们先将它转换为惰性集合。

```
println(people.view.filter { isOlderThan17 }.filter { IsNameStartsWithJ }.head)
```

我们将前面最后一行代码中的 `people` 改为了 `people.view`，这就是我们唯一需要做的。现在，让我们来运行这个修改后的版本，并查看输出结果：

```
isOlderThan17 called for (Mark,32)
isNameStartsWithJ called for (Mark,32)
isOlderThan17 called for (Bob,22)
isNameStartsWithJ called for (Bob,22)
isOlderThan17 called for (Jane,8)
isOlderThan17 called for (Jill,21)
isNameStartsWithJ called for (Jill,21)
(Jill,21)
```

与严格集合的版本相比，要产生相同的结果，这个修改后的惰性集合版本所做的工作更少。这一次，当我们调用 `filter()` 方法时，检查元素的操作并没有立即执行，也没有按照严格顺序[①]执行。

对 `head()` 方法的调用将会最终触发实际的执行。如果从代码片段中去掉对 `head()` 函数的调用，然后再次运行它，那么我们会发现不再会调用 `isOlderThan17()` 和 `isNameStartsWithJ()` 这两个函数了。但这并不是唯一的区别。

在严格求值的过程中，将会检查原始列表中的所有元素，然后再对转换后的列表中的所有元素进行求值。在这个修改后的版本中，在第一个 `filter` 操作执行了之后，即将执行第二个 `filter` 操作。如果第二个 `filter` 测试通过，则随后将立即对 `head()` 函数进行求值。只有当这两个 `filter` 操作之一失败了之后，才会检查列表中的下一个元素。一旦操作产生了预期的结果，（所有）对剩下的元素的处理将被完全跳过。惰性求值是非常高效的！

如果使用惰性求值这么容易，为什么不让所有的集合都是惰性的呢？和变量的惰性绑定一样，使用惰性集合必须格外小心。正确性应该优先于效率——严格求值和惰性求值的版本都需要产生与预期相同的正确结果。唯一的区别是：惰性求值比严格求值更加高效。[②]

惰性求值并不是在所有时候都是正确的选择。如果为了得到最终的结果，我们不得不实际上执行所有的计算，那么相对于严格求值的解决方案，惰性求值可能不会给我们带来任何好处。事实上，甚至可能更糟糕。例如，在前面的例子的严格求值和惰性求值版本中，对于

[①] 这里指这两个 `filter()` 方法在代码中的编写顺序。——译者注

[②] 这事实上并不一定完全成立，惰性求值并不一定能比严格求值更快地得出结果，但可能可以比严格求值的版本占用更少的内存。——译者注

传递给 `filter()` 方法的两个函数，我们看到，其分别进行了 18 次和 7 次调用。尝试一下将最后一个调用从 `head()` 方法改为 `last()` 方法，然后再查看两个版本的输出结果。你将会注意到，与严格求值的版本相比，惰性求值的版本做了更多的工作才得以产生和严格求值版本相同的结果。

不要认为惰性求值总是高效的——并不是。问题的性质和算法对于是否能够从惰性求值中得到效率提升有很大的影响。花点儿时间去试验和测试惰性求值，以确保结果是正确的，而且执行也是高效的。

12.3　终极惰性流

通过调用严格集合上的 `view()` 方法，派生其惰性视图并不会改变该集合；但是它有助于将执行操作推迟到最后的可能时刻。也就是说，使用惰性视图，其对应的值可能都已经全部存在了[①]，你只是不迫切或者不急切想处理它们。`Stream` 具有天然的惰性——仅按需产生值。

一开始这可能听起来有点儿奇怪，并可能会引发一些思考：它可以持有多少个值呢？何时创建它？如何获取这些值？一个 `Stream` 可能是有限的，也可能是无限的——是的，一个无限序列。等一下，如果它是无限大的，我们又怎么可能将它保存到我们的计算机中呢？毕竟我们的计算机只有有限大小的内存。好吧，现在你已经知道了这种"云"计算的意思了，其具有如此大量的存储空间——开个玩笑。（其实它是）一个无限序列，只有在你要求的时候才会产生值，并且只产生你所要求的值。本质上，它的意思是："我是无限的，但我打赌你不会一下子就要全部值！"

我们将通过两个例子来进行说明，以便你可以理解流和无限序列。让我们首先创建一个数值生成器，类似于你将会在工作中用到的、为大量客户提供服务的序列号生成器一样。每拉取一次，它都会产生一个新的数值，接着再产生序列中的下一个。下面是从一个给定的开始数值，开始生成序列值的代码。

Parallel/NumberGenerator.scala

```
def generate(starting: Int): Stream[Int] = {
  starting #:: generate(starting + 1)
}

println(generate(25))
```

`generate()` 函数接受一个整数 `starting` 作为它的参数，并返回一个 `Stream[Int]`。它的实现使用了一个特殊的函数 `#::` 来将 `starting` 变量的值和递归调用 `generate()` 函数的值连接起来。在概念上，`Stream` 的 `#::` 函数很像 `List` 的 `::` 函数；它们都将连接或者将

---

① 因为可能有从 `Stream` 上导出一个视图的情况，即 `StreamView`，这时候其背后的值并不已经全部存在。——译者注

一个值前拼接到各自对应的集合或者流上。然而，Stream 上的#::函数是惰性的，它只会在需要的时候进行连接，并在最终结果被请求之前推迟执行。

因此，不同于常规递归，程序将不会急切地"扑向"对该函数的调用上。相反，它将懒洋洋地推迟对函数的调用。你一定很好奇调用这个函数的结果。我们将通过调用该函数并打印该调用的结果来解解馋。

```
Stream(25, ?)
```

上面的输出结果告诉我们：我们有一个初始值为 25 的流，后面跟着一个尚未计算的值。这看起来像是该流提出了一项挑战："如果你想要知道下一个值，来，主动获取它。"如果你不在该流上进行任何的调用，那么它将不会进行任何实际的工作，也不会为元素占用任何的空间。[①]

只有一种方法可以使流生成值并执行一些操作：你必须要从中强制得到一个结果。为此，你可以调用 force()方法，但是需要注意的是，不要在无限流上调用这个方法，否则，将会最终耗尽内存，哪怕你使用的是云服务器。或者，你也可以调用另一种方法，这种方法会强制返回非流或者非惰性的结果，如调用 toList()方法。重申一次，一定要确保只在有限流上调用这样的方法。

这就引出了另一个问题，我们如何将无限流转换为有限流呢？take()方法可以帮助我们。这个方法的返回值也是一个流，但是不同于原始的流，该结果流的大小是有限的。让我们来看一下代码，并从我们已经创建的流中获取一些数据。

Parallel/NumberGenerator.scala

```
println(generate(25).take(10).force)
println(generate(25).take(10).toList)
```

这段代码同时展示了 force()方法和 toList()方法的用例。第一个方法将会强制流生成值。第二个方法也会做相同的事情，此外，还将结果转换为了一个严格集合——一个列表。让我们来看一下输出结果。

```
Stream(25, 26, 27, 28, 29, 30, 31, 32, 33, 34)
List(25, 26, 27, 28, 29, 30, 31, 32, 33, 34)
```

force()方法返回的结果依然是流，但是大小受 take()方法的限制。而 toList()方法可以帮助将其转换为我们熟悉的列表。

take()方法有助于将流中的元素个数限定为有限个。你也可以强制流不停地产生元素——通过调用 force()方法，当然，也包括在某些条件不满足之前一直产生。让我们要求流在到达某个数字之前（如 40）一直产生值。

---

① 实际上，是指不会为所有的元素占有存储空间，即是按需计算的。——译者注

Parallel/NumberGenerator.scala
```scala
println(generate(25).takeWhile { _ < 40 }.force)
```

我们使用 `takeWhile()` 代替了 `take()` 方法，其接受一个函数值作为参数。只要该函数值中的表达式一直返回 `true`，那么 `force()` 方法就会持续地生成值。一旦该函数值返回了 `false`，那么值生成的过程也就终止了。我们可以从输出结果中看到这一点：

```
Stream(25, 26, 27, 28, 29, 30, 31, 32, 33, 34, 35, 36, 37, 38, 39)
```

我们创造了一个无限序列，并限制了它的大小。该序列并不一定要保持连续。让我们看另外一个例子，它展示了如何创建一系列的质数。

Parallel/Primes.scala
```scala
def isDivisibleBy(number: Int, divisor: Int) = number % divisor == 0

def isPrime(number: Int) =
  number > 1 && !(2 until number).exists { isDivisibleBy(number, _) }

def primes(starting: Int): Stream[Int] = {
  println(s"computing for $starting")
  if (isPrime(starting))
    starting #:: primes(starting + 1)
  else
    primes(starting + 1)
}
```

前两个函数一目了然。有意思的部分在 `primes()` 函数中。在这个函数中，我们首先打印了一条消息，用来展示调用的入参值。如果指定的数是质数，那么将返回该数，并请求惰性地获取接下来的所有质数。如果给定的数不是质数，那么将立即开始搜索紧随着该数的质数。

这个例子和数值生成器并没有太多的不同，只是生成过程不是连续的。我们将使用这个示例来了解流的另外一个特性：它们记住（memoize）它们已经生成的值。这其实也没什么，只不过是缓存（caching）而已，但是在我们的（计算机）领域，我们就喜欢给熟知的概念取奇怪的名字，以便看起来很有"深度"。[①]当流按需产生了一个新值时，它将会在返回该值之前缓存它——我的意思是记住它。然后，如果再次请求相同的值，就没有必要进行重复计算了。我们将通过从 `primes()` 函数创建的流上进行两次调用，来展示这个特性。

Parallel/Primes.scala
```scala
val primesFrom100 = primes(100)

println(primesFrom100.take(3).toList)
```

[①] 在计算机科学中，memoization 是一种加速计算的优化技术：将耗时的函数调用结果缓存起来，然后在同样的输入再次产生时，直接返回已经缓存的调用结果。——译自维基百科

```
println("Let's ask for more...")
println(primesFrom100.take(4).toList)
```

我们将调用 primes() 方法返回的流保存在变量 primesFrom100 中。我们两次使用了这个变量：第一次用于得到前三个值，第二次用于得到前四个值。第一次调用 take() 方法时，我们使用 3 作为参数值，创建了一个由原始的无限流支撑的有限流。对 toList() 方法的调用触发了实际的计算，并将结果保存在一个列表中。第二次对 take() 方法的调用也在原始的流（primesFrom100）上进行，但是这一次，我们需要 4 个值。它将会给我们 3 个已经生成的值，还将产生 1 个新值。这是因为，这个流之前产生的值已经全部被安全地记住了，并且可以安全地复用，所以正如我们在输出中所看到的那样——只产生了新值。

```
computing for 100
computing for 101
computing for 102
computing for 103
computing for 104
computing for 105
computing for 106
computing for 107
List(101, 103, 107)
Let's ask for more...
computing for 108
computing for 109
List(101, 103, 107, 109)
```

流是 Scala 标准库中最迷人的特性之一。使用它们可以非常方便地实现各种算法，其中我们可以将问题归一化为可以按需惰性生成并执行的序列。在 11.3 节中我们已经看过一个这样的例子。尾递归可以看作是一个无限序列的问题。一次递归的执行可能会产生另一次递归，它可以被惰性求值，也可以被终止并产生结果值。理解了无限序列之后，你很快就能知道流是否适合解决自己所遇到的问题。

12.4　并行集合

如果惰性是提高效率之道路，那么并行性则可以被认为是提高效率之航线。如果两个或者多个任务可以按任意顺序序列执行，而又不会对结果的正确性产生任何影响，那么这些任务就可以并行执行。Scala 为此提供了多种方式，其中最简单的方式是并行地处理集合中的元素。

我们一直都在处理数据的集合。我们可能需要检查几个产品的价格，并根据订单状态更新库存，或者汇总最近的交易流水。当我们处理数据的集合时，我们通常都会使用内部的迭代器，如 map()、filter() 和 foldLeft()（在第 8 章中用到过一些），来执行必要的操作，并产生预期的结果。

如果对象或者元素的数量很大，并且/或者处理它们的时间很长，那么产生结果的总体响应时间可能会非常长。并行地在多个线程上运行这些任务，并利用多核 CPU，则可以极大地提高速度。[①]但是，使用低级别的线程构造和锁将导致额外的复杂性，并导致并发相关的错误，让程序员的生活一团糟。幸运的是，在 Scala 中你不必受这个罪，因为在数据的集合上进行并行操作非常简单。

下面，我们会实现一个示例程序，顺序地处理数据的集合，然后进行并行化处理，从而提高处理速度。

12.4.1　从顺序集合入手

让我们看一个例子，首先按照顺序处理的方式实现它，然后再对其进行重构，使其运行得更快。我们将使用一个示例来收集并显示天气数据——环球观光旅行家们密切地关注着他们所要前往的城市的天气。让我们来创建一个将会报告所选择城市的温度以及天气状况的小程序。

我们将从一组城市的名称开始，获取它们当前天气的状况，并按照城市名的顺序给出详细报告。对天气服务 API 的 Web 请求可以为我们提供不同格式的数据。我们在这里将会使用 XML 格式，因为在 Scala 中可以很容易地对其进行解析。我们还将显示创建这份报告所耗费的时间。

因为我们需要一个函数来发起 Web 服务请求，并获取给定城市的天气数据，所以我们先来实现这一功能。

Parallel/Weather.scala
```
import scala.io.Source
import scala.xml._

def getWeatherData(city: String) = {
  val response = Source.fromURL(
    s"https://raw.githubusercontent.com/ReactivePlatform/" +
    s"Pragmatic-Scala-StaticResources/master/src/main/resources/" +
    s"weathers/$city.xml")
  val xmlResponse = XML.loadString(response.mkString)
  val cityName = (xmlResponse \\ "city" \ "@name").text
  val temperature = (xmlResponse \\ "temperature" \ "@value").text
  val condition = (xmlResponse \\ "weather" \ "@value").text
  (cityName, temperature, condition)
}
```

getWeatherData()方法接受一个城市名作为其参数。在这个方法中，我们首先向相应的 URL 发送一个请求，以获取天气服务 API 的 Web 服务。因为我们选择使用的是 XML 格式，所以来自该服务的响应也将采用该格式。然后，我们使用 XML 类的 loadString() 方法来解析该 XML 响应（我们将会在第 15 章中对这个类进行仔细研究）。最后，我们使用 XPath 查询来从 XML 响应中提取我们想要的数据。这个方法的返回值是一个由 3 个字符串组成的元组，其中包括城市名称、当前温度以及天气状况，按此顺序排列。

---

① 这里指缩短响应时间。——译者注

接下来，我们将创建一个辅助函数来打印该天气数据。

Parallel/Weather.scala

```scala
def printWeatherData(weatherData: (String, String, String)): Unit = {
  val (cityName, temperature, condition) = weatherData

  println(f"$cityName%-15s $temperature%-6s $condition")
}
```

在 `printWeatherData()` 方法中，我们接受一个带有天气详细信息的元组，并使用 `f` 字符串插值器对数据进行格式化，以便打印到控制台上。我们仅剩一步之遥：一组样本数据，以及一种测量耗时的方法。现在我们就创建这个函数。

Parallel/Weather.scala

```scala
def timeSample(getData: List[String] => List[(String, String, String)]): Unit = {
  val cities = List("Houston,us", "Chicago,us", "Boston,us", "Minneapolis,us",
    "Oslo,norway", "Tromso,norway", "Sydney,australia", "Berlin,germany",
    "London,uk", "Krakow,poland", "Rome,italy", "Stockholm,sweden",
    "Bangalore,india", "Brussels,belgium", "Reykjavik,iceland")

  val start = System.nanoTime
  getData(cities) sortBy { _._1 } foreach printWeatherData
  val end = System.nanoTime
  println(s"Time taken: ${(end - start) / 1.0e9} sec")
}
```

`timeSample()` 方法接受一个函数值作为其参数。其思路是让 `timeSample()` 方法的调用者来指定一个函数，该函数将会接受一个城市的列表，并返回一个带有天气数据的元组列表。在 `timeSample()` 函数中，我们创建了一个世界各地的城市列表。然后，我们测量使用（所传入的）函数值参数来获取天气数据所需要花费的时间，并按照城市名称对结果进行排序，并最终打印出每个城市的结果。

我们已经完全准备好使用我们创建的函数了。让我们对该 Web 服务进行顺序调用，以获取天气数据。

Parallel/Weather.scala

```scala
timeSample { cities => cities map getWeatherData }
```

我们调用了 `timeSample()` 函数，并传递一个函数值作为其参数。该函数值接受了在 `timeSample()` 函数中传入的城市列表。随后，它为列表中的每个城市都调用 `getWeatherData()` 函数，一次调用一个城市。`map()` 操作返回的结果是一组由 `getWeatherData()` 调用返回的数据——天气数据的元组列表。

让我们来运行这段代码，看一看对应的输出结果以及执行时间。

```
Parallel/output/Weather.output
Bangalore        88.57  few clouds
Berlin           48.2   mist
Boston           45.93  mist
Brussels         49.21  clear sky
Chicago          31.59  overcast clouds
Houston          61     clear sky
Krakow           55.4   broken clouds
London           50     broken clouds
Minneapolis      29.55  clear sky
Oslo             42.8   fog
Reykjavik        48.06  overcast clouds
Rome             54.88  few clouds
Stockholm        38.97  clear sky
Sydney           68     broken clouds
Tromso           35.6   clear sky
Time taken: 2.369008456 sec
```

城市按照城市名的顺序列出，与其一起列出的还有温度信息以及请求时的天气状况。代码运行了大约 2 s，你观察到的执行时间将取决于你的网络速度以及拥塞情况。接下来，我们将看到如何通过最小的改变从而更快地获取到结果。

12.4.2 使用并行集合加速

前面的例子有两个部分：慢的部分——对于每个城市，我们都通过网络获取并收集天气信息，快的部分——我们对数据进行排序，并显示它们。非常简单，因为慢的部分被封装到了作为参数传递给 timeSample() 函数的函数值中。因此，我们只需要更换那部分代码来提高速度即可，而其余的部分则可以保持不变。

在这个例子中，在城市列表上调用的 map() 方法，将会为每个城市调用传入的 getWeatherData() 函数，一次一个。这是顺序集合上的方法行为：它们为它们的集合中的每个元素顺序地执行它们的操作。但是，我们传递给 map() 函数的操作可以并行地执行，因为获取一个城市的数据与获取另外一个城市的数据相互独立。值得庆幸的是，让 map() 方法为每个城市并行地执行操作并不需要太多工作。我们只需要将该集合转换为并行版本就可以了。

对于许多顺序集合，Scala 都拥有其并行版本。[①]例如，ParArray 是 Array 对应的并行版本，同样的，ParHashMap、ParHashSet 和 ParVector 分别对应于 HashMap、HashSet 和 Vector。我们可以使用 par() 和 seq() 方法来在顺序集合及其并行版本之间进行相互转换。

---

① 从 Scala 2.13.x 开始，并行集合将以单独的模块提供。——译者注

让我们使用 par() 方法将城市列表转换为其并行版本。现在，map() 方法将并行地执行它的操作。在完成之后，我们将使用 toList() 方法来将所生成的并行集合转换为顺序集合，即（作为参数传入的）函数值的结果类型。下面我们使用并行集合而不是顺序集合，来重写对 timeSample() 方法的调用。

Parallel/Weather.scala
```
timeSample { cities => (cities.par map getWeatherData).toList }
```

具体的改动非常小，完全包含在了函数值之内。其余代码的结构在顺序版本和其并行版本之间完全一样。事实上，我们在顺序版本和并行版本两个版本之间复用了其余的代码。让我们运行这个修改后的版本，看一下输出结果。

Parallel/output/Weather.output
```
Bangalore        88.57   few clouds
Berlin           48.2    mist
Boston           45.93   mist
Brussels         49.21   clear sky
Chicago          31.59   overcast clouds
Houston          61      clear sky
Krakow           55.4    broken clouds
London           50      broken clouds
Minneapolis      29.55   clear sky
Oslo             42.8    fog
Reykjavik        48.06   overcast clouds
Rome             54.88   few clouds
Stockholm        38.97   clear sky
Sydney           68      broken clouds
Tromso           35.6    clear sky
Time taken: 0.447646174 sec
```

输出结果展示了完全相同的天气条件。然而,这段代码所花费的时间差异却非常大——少太多了。我们利用了多个线程来为不同的城市并行地执行 getWeatherData() 函数。

从顺序版本转换为并行版本，几乎不费吹灰之力。鉴于此，一个合乎逻辑的问题便是：我们为什么不一直使用并行集合呢？简而言之，这和上下文有关。

你不会开车去厨房的冰箱里取一瓶牛奶[①]，但是你可能会开车去商店，将牛奶和其他物品一起带回来。同样，你也不会想在小型集合上使用并行集合，进而来执行本来就已经很快的操作。创建和调度线程的开销不应该大于执行这些任务所需要的时间。对于慢型任务或者大型集合来说，并行集合可能有所裨益，但是对于小型集合上的快速任务来说，则不太适合。

除了计算速度和集合大小之外，还有其他几个因素决定了我们是否可以使用并行集合。

① 也就是，不要高射炮打蚊子。——译者注

如果在集合上调用的操作会修改全局状态[1]，那么整体的计算结果将是不可预知的——共享的可变性通常都是一个糟糕的主意。因此，如果所进行的操作具有副作用，那么就不要使用并行集合。此外，如果操作不满足结合律[2]，也不要使用并行集合。因为，在并行集合中，操作的执行顺序是非确定性的。类似于加法这样的操作不关心以什么顺序累加出总数，但像减法这样的操作，就非常依赖执行的顺序了，并不适合并行化。

在 Scala 中，应用并行集合轻松愉快，但我们必须要作出关键决定：并行化是否是正确的选择？能否确保我们在提高速度的同时，能够得到正确的结果？

12.5 小结

在本章中，我们学习了 Scala 中的一些技术和特性，这些特性可以使代码执行得更快、更高效。惰性变量将变量的绑定推迟到了变量首次被需要的最后时刻。我们还学习了如何从严格集合转换到其惰性视图，如何使用无限流、有限流，以及如何使用并行集合，同时得到了一些何时使用它们以及何时避免使用它们的指导。

我们只触及了高效编程的表面，在下一章中，我们将会讨论并发编程。

---

[1] 如果对这个状态的修改是线程安全的，则不会有什么问题。——译者注

[2] 即操作的执行顺序不会影响最终的结果。——译者注

第 **13** 章

使用 Actor 编程

在编写复杂、耗时的应用程序时，我们经常会使用多线程以及并发来降低响应时间或者提高性能。可惜，传统的并发解决方案导致了一些问题，如线程安全、竞态条件、死锁、活锁以及不容易理解的、容易出错的代码。共享的可变性是罪魁祸首。

避免共享的可变性，便已经规避了许多问题。但是如何避免呢？这就是 Actor 模型发挥作用的地方。Actor 帮助我们将共享的可变性转换为隔离的可变性（isolated mutability）。Actor 是保证互斥访问的活动对象。没有两个线程会同时处理同一个 Actor。由于这种天然的互斥行为，所有存储在 Actor 中的数据都自动是线程安全的——不需要任何显式的同步。[①]

如果能将一个任务有意义地分解为几个子任务，即分而治之，就可以使用 Actor 模型来解决这个问题，设计良好又清晰，并且避免了通常的并发问题。

在本章中，我们将选择一个可以从并发中受益的问题，我们将带着这个问题来探索 Actor 模型，并使用它来解决这个问题。

13.1　一个顺序耗时问题

一些应用程序可以受益于多核以及多线程：从多个 Web 服务获取大量的数据、查询股票的价格、分析地理数据等。为了不在复杂的领域和冗长代码中迷失自己，让我们先来处理一个相对较小的问题，它只需要非常少量的代码。这将帮助我们关注关键问题本身，并探索可能的解决方案。

给定一个目录作为根目录，我们将使用程序来查找该目录下的子目录层次结构中的文件数量。下面是该程序的一个顺序实现。

---

① 这里有一个前提是，不要不安全地发布 Actor 的内部状态。——译者注

```
import java.io.File

def getChildren(file: File) = {
  val children = file.listFiles()
  if (children != null) children.toList else List()
}

val start = System.nanoTime
val exploreFrom = new File(args(0))

var count = 0L
var filesToVisit = List(exploreFrom)

while (filesToVisit.nonEmpty) {
  val head = filesToVisit.head
  filesToVisit = filesToVisit.tail

  val children = getChildren(head)
  count = count + children.count { !_.isDirectory }
  filesToVisit = filesToVisit ::: children.filter { _.isDirectory }
}

val end = System.nanoTime
println(s"Number of files found: $count")
println(s"Time taken: ${(end - start) / 1.0e9} seconds")
```

getChildren() 函数接受一个 File 作为其参数，如果不是文件夹或者文件夹中没有文件，则返回一个空列表，否则返回给定目录下的文件和子目录的列表。不可变变量 exploreForm 指向作为命令行参数输入的目录名的 File 实例。我们创建了两个可变变量（第一感觉就是有问题），分别命名为 count 和 filesToVisit。这两个变量分别初始设置为 0 和只包含起始目录的列表。只要在 filesToVisit 列表中还有需要遍历的文件，那么 while 循环就会继续迭代。在循环内，我们每次从需要遍历的文件列表中选取一个文件来进行遍历，（如果是文件夹）就获取该文件夹下的所有子文件，并将发现的文件数目添加到可变变量 count 中。我们还会把子文件中的文件夹添加到要访问的文件列表中，以便于进一步遍历这些文件夹。

让我们运行这段代码，并测量其所耗费的时间：

```
scala countFilesSequential.scala /Users/venkats/agility
```

在运行之前，请将命令行参数替换为你电脑上的一个有效文件夹的完整路径——这里显示的示例使用了作者电脑中的 agility 目录。

让我们运行这段代码。运行可能需要花费一段时间，取决于由命令行参数提供的起始目录下的文件数以及嵌套级别：

```
Number of files found: 479758
Time taken: 66.524453436 seconds
```

该程序报告了其所发现的文件数量，得到这个结果耗时超过 66 s。这真的是太慢了。如果这是一个 Web 或者移动应用程序，那么用户可能已经点击了无数次刷新按钮了，并且早已消失得无影无踪了。我们需要让它变快——应该是快得多。

13.2　曲折的并发之路

快速查看我们的系统上的活动监视器表明，当其中处理器一个核心异常忙碌时，其他核心可能正坐在一旁喝茶呢。因为该程序是 I/O 密集型的，所以如果我们将更多的线程用于该问题，从而利用其他核心，那么我们便可以获得更好的性能。

将你的 Java 帽子戴上一分钟，然后想一想如何将这段代码变得更快。只想到要使用 JDK 的并发库就非常伤脑筋了。启动多个线程并不是真正的困难之处，只是比较笨拙而已——你将会使用 Executors 来创建一个线程池。你可以将探索不同子文件夹的任务调度给线程池中的不同线程。但是，问题的根源在于那两个变量——共享的可变变量。当多个线程访问各个子目录时，我们不得不更新 count 和 filesToVisit 这两个变量。让我们看一下这为何会是一个问题。

- 为了保护 count 变量不受并发更改的影响，我们可能使用 AtomicLong。这是有问题的，因为我们必须要保证对该变量的所有更改发生在该程序看到没有更多的文件需要访问并报告文件总数之前。换句话说，虽然原子性保证了单个值的线程安全性，但是其并不能保证跨多个值的原子性，因为这些值可能会同时发生变化。

- 我们可能不得不使用一个线程安全的集合——同步列表或者并发列表，用来实现 filesToVisit 列表。这也只能保护一个变量的原子性，但是并不能解决跨两个变量的原子性问题。

- 我们可以将这两个变量封装到同一个类中，并提供 synchronized 方法来一次性地更新这两个值。这将确保对这两个变量的更改是原子的。然而，现在我们不得不确保这个同步操作实际发生在正确的位置、正确的时间上。如果我们忘记了同步，或者在错误的位置上进行了同步，那么 Java 编译器和运行时都不会给我们任何的警告。

简而言之，将代码从顺序执行改为并发执行通常都会将代码变成"野兽"。可变的变量越多，它就变得越芜杂，也就越难证明代码的正确性。编写运行飞快但会产生不可预知的错误的代码是毫无意义的。

手上的这个问题正是应用 Actor 模型的最佳候选。我们可以使用分而治之的方法，从而将问题拆解为多个子任务。可变变量将可以被隐藏在一个 Actor 中，从而防止多个线程并发地更新它们。①我们可以对更改请求进行排队，而不是让线程阻塞并相互等待。我们将很快使用 Actor 来实现这个程序，但是先让我们通过几个例子来学习一下 Actor，以及如何使用它们。

13.3　创建 **Actor**

通常都会创建一个对象，然后调用其方法。一个 Actor 也是一个对象，但是你从来都不会直接调用它的方法，而是通过发送消息，并且每个 Actor 都由一个消息队列支撑。如果一个 Actor 正忙于处理消息，那么到达的消息将会被插入消息队列中，而不会阻塞消息的发送者；它们发送并忘记（fire-and-forget）。在任意给定的时间，一个 Actor 将只会处理一条消息。Actor 模型具有与生俱来的线程安全性。

让我们定义一个 Actor。

ProgrammingActors/HollywoodActor.scala

```
import akka.actor._

class HollywoodActor() extends Actor {
  def receive: Receive = {
    case message => println(s"playing the role of $message")
  }
}
```

Scala 使用来自 Akka 的 Actor 模型支持——一个使用 Scala 编写的非常强大的反应式库。要创建一个 Actor，需要继承 Actor 特质②并实现 receive()方法。receive()方法的主体部分看起来非常熟悉，它是去掉了 match 关键字的模式匹配语法。该匹配发生在一个隐式的消息对象上。该方法的主体是一个偏函数。

在这个例子中，我们只简单地打印了接收到的消息，我们将很快为该 Actor 添加更多的逻辑。让我们使用刚刚定义的 Actor。

ProgrammingActors/CreateActors.scala

```
import akka.actor._

import scala.concurrent.Await
import scala.concurrent.duration.Duration

object CreateActors extends App {
  val system = ActorSystem("sample")
```

① 一个 Actor 同时只会被一个线程调度运行。——译者注

② 如果使用 Java 8，那么建议继承抽象类 AbstractActor。——译者注

```
    val depp = system.actorOf(Props[HollywoodActor])

    depp ! "Wonka"

    val terminateFuture = system.terminate()
    Await.ready(terminateFuture, Duration.Inf)
}
```

Akka 的 Actor 托管在一个 ActorSystem 中，它管理了线程、消息队列以及 Actor 的生命周期。相对于使用传统的 new 关键字来创建实例，我们使用了一种特殊的 actorOf 工厂方法来创建 Actor，并将其对应的 ActorRef 赋值给了名为 depp 的引用。此外，我们也没有使用传统的方法调用语法，而是发送了一个"Wonka"消息给 Actor——在这个例子中只传递了一个字符串——我们使用了名为!的方法，你可以使用一个名为 tell()的方法[1]，而不是使用!()方法，但是那样就需要传递一个额外的 sender 参数。同时，如果你使用的方法名对阅读者来说是直观的，那么你的代码也就太简单了。说到直觉，它们真应该被称为 action()。

Actor System 管理了一个线程池，只要系统保持活跃，这个线程池就会一直保持活跃。如果要使该程序在 main 代码块执行完成之后关闭，就必须要调用该 ActorSystem 的 terminate()方法[2]，也就是说，退出它的线程。

要编译这段代码，应输入下面的命令[3]：

`scalac -d classes HollywoodActor.scala CreateActors.scala`

因为 Scala 的安装中已经包含了 Akka 的 Actor 库[4]，所以要编译这段代码，我们不需要在 classpath 中包含任何其他内容，同样，要运行它，我们也不需要包含任何附加的库。下面是命令：

`scala -classpath classes CreateActors`

让我们看一下输出结果：

`playing the role of Wonka`

虽然我们并没有编写很多代码，但这依然是一个乏善可陈的输出结果。在代码中有许多内容，可是这些细节在输出结果中却完全丢失了。让我们更改一下这段代码，以获得更好的洞察。

我们来修改一下 receive()方法：

---

① 当我们使用 Java API 的时候将会用到这个方法。——译者注

② 在旧版本中，有一个叫 shutdown()的阻塞方法，在本书中文版翻译的时候，我们全部更新到了最新的 API，即使用了 terminate()方法，不同的是，terminate()是异步的。——译者注

③ 这里专门改成了新版本的 API，同上面的代码。——译者注

④ 在现在的 Scala 版本中，已经不默认包含 Akka 的分发包了，可以通过 IDE、SBT 等来运行。——译者注

```
case message => println(s"$message - ${Thread.currentThread}")
```

当接收到消息时，我们把执行线程的详细信息一起打印出来。让我们更改一下对应的调用代码，以便向多个 Actor 发送多条消息：

```
val depp = system.actorOf(Props[HollywoodActor])
val hanks = system.actorOf(Props[HollywoodActor])

depp ! "Wonka"
hanks ! "Gump"

depp ! "Sparrow"
hanks ! "Phillips"
println(s"Calling from ${Thread.currentThread}")
```

这将为我们提供一些更加有趣的细节。让我们运行这段代码并查看输出结果：

```
Wonka - Thread[sample-akka.actor.default-dispatcher-2,5,main]
Gump - Thread[sample-akka.actor.default-dispatcher-3,5,main]
Calling from Thread[main,5,main]
Phillips - Thread[sample-akka.actor.default-dispatcher-3,5,main]
Sparrow - Thread[sample-akka.actor.default-dispatcher-2,5,main]
```

我们给每个 Actor 都发送了两条消息：给 Actor depp 发送了“Wanka”和“Sparrow”，给 Actor hanks 发送了“Gump”和“Phillips”。这个输出结果展示了许多有趣的细节。

- 一个可用的线程池，不必大惊小怪。
- Actor 在不同的线程中运行，而不是调用代码的主线程。
- 每个 Actor 一次只处理一条消息。
- 多个 Actor 并发地运行，同时处理多条消息。
- Actor 是异步的。
- 不会阻塞调用者——main 方法（直接）运行了 println() 方法，根本不会等待这些 Actor 的回复。

虽然还有许多的领域需要覆盖，但是你已经可以看出这种方式的好处。这些好处来自我们根本没做的事情。我们并没有显式地创建一个线程池，也没有显式地调度任务。如果我们使用的是 JDK 的并发库，那么我们应该已经在使用 Executors，并且调用了类似 submit() 之类的方法了——这为我们节省了编写大量代码的时间。相反，我们只是向 Actor 发送了一条消息，而 ActorSystem 则负责了所有剩下的事情。很酷，不是吗？

13.4　Actor 和线程

前面的例子很好地说明了使用 Actor 时的情况，但是同时也提出了一个问题。在前面的输出结果中我们看到，发送给 depp 的两条消息都是由同一个线程处理的，而发送给 hanks

的两条消息则都是由另一个线程处理的。这可能会给人们留下一个印象：Actor 将会持有它们自己的线程，但是这不是真的——事实上，在你的计算机上，你甚至可能会观察到 Actor 切换线程的情况。

线程之于 Actor 类似于客服经理之于消费者。当你拨打客户服务热线时，任何有空的客服经理都会接听你的热线。如果你挂掉之前的电话并重新拨通热线，此时上一位客服经理已经在处理别的客服电话了，那么另一位完全随机的客服经理现在将会回答你的疑问。只有在极端巧合下（在这两次热线电话的过程中），你才可能和同一位客户经理谈话。线程池中的线程对于 Actor 来说非常像客服经理。为了观察到这一点，我们稍微修改一下调用代码：

```
depp ! "Wonka"
hanks ! "Gump"

Thread.sleep(100)

depp ! "Sparrow"
hanks ! "Phillips"
```

在发送给 Actor 的两组消息之间，我们添加了一个小小的 100 ms 的延迟。让我们来看一下运行这段代码的输出结果：

```
Wonka - Thread[sample-akka.actor.default-dispatcher-3,5,main]
Gump - Thread[sample-akka.actor.default-dispatcher-4,5,main]
Sparrow - Thread[sample-akka.actor.default-dispatcher-4,5,main]
Phillips - Thread[sample-akka.actor.default-dispatcher-3,5,main]
Calling from Thread[main,5,main]
```

一旦两个线程帮助 Actor 处理了它们的第一组消息，它们便跑回 CPU 水冷器旁边休息去了，以便追上每日的八卦。但当下一组消息到达时，尽职尽责的线程便又会马上回归到它们的工作任务中。它们对曾经服务过的线程并没有什么亲和力。[1]这也是在短暂的延迟之后，线程交换了它们所服务的 Actor 的原因。这是纯粹的试探法：每次运行代码时，你都可能会看到不同的线程与 Actor 之间的配对。实质上，这也表明了线程并不和 Actor 绑定——一个线程池服务于多个 Actor。

Akka 提供了大量的工具来配置线程池的大小、消息队列的大小以及许多其他参数，包括与远程 Actor 进行交互。

13.5　隔离可变性

在可以将 Actor 模型应用到我们的文件遍历问题之前，最后还需要解决一个问题——共

---

[1] 在 Akka 2.5.x 版本中，已经添加了对 Actor 的线程亲和力支持，如有需要请使用 AffinityPool。如果需要将 Actor 绑定到某个线程，也可以使用 PinnedDispatcher。——译者注

享的可变性。程序员通常都会创建共享的可变变量，并使用同步原语来提供线程安全性。这在很大的程度上来说是一种灾难。如果程序员没有掌握 Brian Goetz 的 *Java Concurrency in Practice*[1][Goe06]，那么很难想象他可以使用 JDK 库做到正确的并发。但是，一旦他们掌握了这本书，他们又很快便意识到，使用 JDK 库很难在短时间内做到正确的并发。

这并不是说不使用 JDK 来完成并发编程。毕竟，Akka 和其他支持不同并发模型（如软件事务内存）的库（参见 *Programming Concurrency on the JVM*[2][Sub11]），在内部也都使用了 JDK 的并发库以及 Fork-Join API。但是，这些库提高了抽象级别，因此我们不必忍受低级别的同步细节，以及由此带来的异常复杂性。在某种程度上，你可以将 JDK 的并发库看作是并发编程的汇编语言。虽然有些程序员在这样的低级别抽象上编写代码，类似于编写汇编代码（我们其余的这些程序员应该感谢他们），其他程序员则在更高层次的抽象上进行编码。这使我们其余的这些程序员可以更快地交付应用程序，并避开了人们在较低的抽象层次上经常忍受的痛苦。同样，通过使用这些更高层次的并发模型抽象，我们也可以避开并发编程的许多风险。

让我们看一下 Actor 是如何消除共享的可变性所带来的痛苦的。因为 Actor 一次最多只会处理一条消息，所以在 Actor 中保存的任何字段都是自动线程安全的。[3]它是可变的，但却没有共享可变性。一个 Actor 的非 final 字段具备自动隔离的可变性。

让我们修改一下 HollywoodActor，以便它追踪接收到的消息的数目。这将会为 Actor 引入状态——Actor 可以选择性地存储状态。

```
import akka.actor._
import scala.collection._

case class Play(role: String)
case class ReportCount(role: String)

class HollywoodActor() extends Actor {
  val messagesCount: mutable.Map[String, Int] = mutable.Map()

  def receive: Receive = {
    case Play(role) =>
      val currentCount = messagesCount.getOrElse(role, 0)
      messagesCount.update(role, currentCount + 1)
      println(s"Playing $role")

    case ReportCount(role) =>
      sender ! messagesCount.getOrElse(role, 0)
```

[1] 中文版书名为《Java 并发编程实战》。——译者注
[2] 中文版书名为《Java 虚拟机并发编程》——译者注
[3] 前提依然是不要不安全地发布这些内部字段。——译者注

```
        }
    }
```

我们新版本的 Actor 将会接收两种类型的消息。第一种消息类型用于告诉 Actor 来扮演某一个角色，而第二种消息类型则用于查询 Actor 已经扮演过某一个角色的次数，即它收到相同消息的次数。对于消息类型来说，我们创建了两个 case 类，即 play 和 ReportCount。case 类非常适合这种场景，因为其简洁、持有不可变数据，并且能够很好地和 Scala 的模式匹配设施一起工作。

修改后的 HollywoodActor Actor 类版本具有一个名为 messagesCount 的字段，其引用了一个可变 Map，该 Map 使用角色名作为键，而角色的出现次数作为值——虽然引用本身是不可变的。

在 receive()方法中，我们将接收到的消息与我们所定义的两种消息类型进行模式匹配。如果消息类型为 Play，那么我们将提取传递给 role 模式匹配变量的字符串。一旦有了角色信息，我们就可以在该 Map 中查找该角色名，并使用查找到的次数初始化 currentCount 的值。我们已经指明，当该角色没有作为键存在于该 Map 中时，getOrElse()方法将返回 0。另外，如果消息的类型是 ReportCount 类型，则我们将会使用给定的角色作为键，读取对应的值，并将其作为消息发送给当前消息的 sender。

这个修改后的 Actor 版本能够统计每条消息被接收到的次数。在 receive()方法中，再无担忧，我们从 Map 中读取计数的当前值，并对其进行更新。没有任何的 synchronized 关键字存在或者对 Lock 的方法（如 tryLock()方法）的调用——我们已经尝试够了。

让我们使用这个有状态的新版本 HollywoodActor。我们将会向两个 Actor 发送一些消息，并询问每条消息被 Actor 接收到的次数。发送 Play 消息非常直截了当，它是“发送并忘记”模式——调用者除了发送消息不必做其他任何事情。然而，除了发送，ReportCount 则需要一些额外的工作。消息的发送者希望从 Actor 接收到响应。为此，Akka 提供了一个询问（ask）模式。因为发送一条消息并等待响应可能会导致潜在的活锁——消息可能永远也不会到达，所以这个模式强制使用一个超时时间。让我们先来看一下代码，然后再深入了解细节。

ProgrammingActors/UseActor.scala
```
1    import akka.actor._
2    import akka.pattern.ask
3    import akka.util.Timeout
4    import scala.concurrent.duration._
5    import scala.concurrent.Await
6
7    object UseActor extends App {
8     val system = ActorSystem("sample")
9
```

```
10    val depp = system.actorOf(Props[HollywoodActor])
11    val hanks = system.actorOf(Props[HollywoodActor])
12
13    depp ! Play("Wonka")
14    hanks ! Play("Gump")
15
16    depp ! Play("Wonka")
17    depp ! Play("Sparrow")
18
19    println("Sent roles to play")
20
21    implicit val timeout: Timeout = Timeout(2.seconds)
22    val wonkaFuture = depp ? ReportCount("Wonka")
23    val sparrowFuture = depp ? ReportCount("Sparrow")
24    val gumpFuture = hanks ? ReportCount("Gump")
25
26    val wonkaCount = Await.result(wonkaFuture, timeout.duration)
27    val sparrowCount = Await.result(sparrowFuture, timeout.duration)
28    val gumpCount = Await.result(gumpFuture, timeout.duration)
29
30    println(s"Depp played Wonka $wonkaCount time(s)")
31    println(s"Depp played Sparrow $sparrowCount time(s)")
32    println(s"Hanks played Gump $gumpCount time(s)")
33
34    val terminateFuture = system.terminate()
35    Await.ready(terminateFuture, Duration.Inf)
36  }
```

这段代码的第 19 行之前的所有的内容你都见过——我们初始化了 Actor System，创建了两个 Actor，并发送了一些 Play 类型的消息给它们。到目前为止，发送的消息都是"发送并忘记"模式，即非阻塞的。

在代码的第 22 到 24 行，我们发送了 3 条 ReportCount 类型的消息。这些消息都需要响应，因此，我们使用了?()方法而不是!()方法。

还记得!()方法代表名为 tell()的更加具体的方法，同样，这个神秘的?()也代表名为 ask()的更加具体的方法。要使用这个方法，我们需要 import akka.pattern.ask。为了防止活锁，ask()方法需要一个超时时间，但该参数使用的是在第 21 行中定义的隐式变量——花一分钟时间回顾一下 3.5 节中讲述的隐式变量。

不同于什么也不返回的!()方法，?()方法返回一个 Future。我们将 3 次调用返回的 Future，并将其分别保存在变量 wonkaFuture、sparrowFuture 和 gumpFuture 中。现在，消息已经发送，是时候等待并接收响应了。我们使用了 Await 类的 result()方法来做到这一点。这个方法接受我们等待的 Future，以及我们愿意耐心等待响应到达的最长时长作为参数。最后，如果响应在超时时间之前到达，那么我们将打印出这些结果。我们来运行这段代码，并看一下输出结果：

```
Sent roles to play
Playing Wonka
Playing Gump
Playing Wonka
Playing Sparrow
Depp played Wonka 2 time(s)
Depp played Sparrow 1 time(s)
Hanks played Gump 1 time(s)
```

该输出表明：Actor 在它们收到消息时处理了它们的消息，此外，还正确地追踪了每种消息被接收到的次数。

我们之前已经看到了将任务委派给不同的线程是多么简单。而在本节中，我们学习了如何安全地在没有竞态条件的威胁或者线程安全的风险的情况下修改变量。

当我们使用 Java 底层的多线程以及同步设施进行编程的时候，确保线程之间相互协调对变量进行安全访问是我们的责任——我们必须忍受处理并发问题（如 happens-before、happens-after 以及跨越内存栅栏）的所有痛苦——所有详尽地涵盖在经典书籍 *Java Concurrency in Practice*[1] [Goe06]中的问题。在使用 Actor 模型进行编程的时候，我们不必担心这些问题。每当一条消息传递给了一个 Actor 时，Actor 将会在任意的时间选择一条消息进行处理，它们各自的线程将会自动跨越内存栅栏。有了清晰的设计、更少的代码量、线程的自动切换以及由 Actor 模型提供的线程安全，你便可以享受内心的平静并获得生产力上的提升。

13.6　使用 **Actor** 模型进行并发

让我们重新编写一下在 13.1 节中创建的文件探索程序。例如，针对 aglility 目录的顺序执行耗费了超过 66 s 的时间。让我们使用 Actor 模型来重新实现这个问题，看一下它究竟能有多快。

这个问题非常适合分而治之的解决方式。对于一个给定的起始目录，我们想要计算该目录层次结构之下的所有文件的数目。我们可以将该问题划分为查找给定目录下的每个子目录中的文件总数，然后再归并结果。反过来，这也告诉我们，我们有两个主要部分：一是探索文件，二是归并结果。

在深入具体代码之前，让我们先思考一个高抽象级别的设计，如图 13-1 所示。

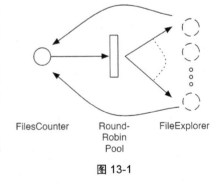

FilesCounter　　Round-Robin Pool　　FileExplorer

图 13-1

---

① 中文版书名为《Java 并发编程实战》。——译者注

对于一个给定目录下的多个子目录，查找子目录可以并发进行。因为在任何给定时刻，对于一个 Actor，我们只能得到一个计算单元。因为我们需要同时执行并发任务，所以我们将需要多个 Actor。在我们的设计中，`FileExplorer` 是一个无状态的 Actor——我们将使用由 Akka 提供的称为 `RoundRobinPool` 的路由器，它由这个类的几个实例支撑。顾名思义，发送到这个路由器的消息将会被均匀地路由到支撑这个路由器的多个 Actor。我们还会使用另一个 Actor，其只是一个 `FilesCounter` 的实例。这个 Actor 将是有状态的，这里便是被隔离的可变状态所存在的地方，并会记录文件的个数。

让我们先创建无状态的 `FileExplorer` Actor。

ProgrammingActors/FileExplorer.scala

```scala
import akka.actor._
import java.io._

class FileExplorer extends Actor {
  def receive: Receive = {
    case dirName: String =>
      val file = new File(dirName)
      val children = file.listFiles()
      var filesCount = 0

      if (children != null) {
        children.filter { _.isDirectory }
          .foreach { sender ! _.getAbsolutePath }
        filesCount = children.count { !_.isDirectory }
      }

      sender ! filesCount
  }
}
```

在 `receive()`方法中，我们只查找包含该目录名的字符串。当接收到消息之后，我们将在给定的目录下查找文件和子目录。我们简单地将每个子目录发送给该消息的发送者（一个监管 Actor），这样它便可以让其他 `FileExplorer` 着手遍历该子目录。之后，我们还将在这个目录下查找到的文件数发送给该发送者。

现在，让我们看一看有状态的 `FilesCounter` Actor。

ProgrammingActors/FilesCounter.scala

```scala
import akka.actor._
import akka.routing._

class FilesCounter extends Actor {
  val start: Long = System.nanoTime
  var filesCount = 0L
```

```
var pending = 0

val fileExplorers: ActorRef =
  context.actorOf(RoundRobinPool(100).props(Props[FileExplorer]))

def receive: Receive = {
  case dirName: String =>
    pending = pending + 1
    fileExplorers ! dirName

  case count: Int =>
    filesCount = filesCount + count
    pending = pending - 1

    if (pending == 0) {
      val end = System.nanoTime
      println(s"Files count: $filesCount")
      println(s"Time taken: ${(end - start) / 1.0e9} seconds")
       context.system.terminate()
    }
  }
}
```

这个 Actor 维护了几个字段。start 字段记录了该 Actor 被激活的时间。filesCount 和 pending 字段是可变变量，分别记录了已经发现的文件数以及目前正在进行的尚未完成的文件遍历数。最后一个字段 fileExplorers 持有一个 RoundRobinPool 实例的引用，该路由器本身也是一个 Actor，它持有了一个具有 100 个 FileExplorer Actor 的实例。

我们希望 fileExplorers 引用的路由器以及我们创建的 100 个 Actor，都能够存在于同一个 ActorSystem 中，并和创建它们的 Actor 共享相同的线程池。为此，我们需要访问 FileCounter Actor 正在运行的上下文 ActorSystem——这时可以使用 context() 方法。此外，我们需要指示路由器创建 FileExplorer Actor 的实例。为此，我们使用了 Props 类——可以将这等同于在 Java 中提供 FileExplorer.class。

我们在 receive() 方法中匹配两种类型的消息：一个表示将要探索的目录名的 String，另一个表示到目前为止找到的文件计数的 Int。当接收到具有目录名的消息时，我们增加 pending 的值以表示正在遍历文件，并使用路由器将目录的遍历调度给 FileExplorer Actor。当计数作为消息被接收时，我们将该计数添加到隔离的可变字段 filesCount 中，并递减 pending 的值来表示已经结束了对一个子目录的遍历。

在 receive() 方法中还剩下最后一项任务。如果 pending 变量的值降为 0，则表示已经遍历完了所有的子目录。在这个时候，我们将报告文件计数以及所耗费的时间，并调用 ActorSystem 上的方法来关闭 ActorSystem。

已经有这两个就绪的 Actor 了。我们还需要引导代码来创建 ActorSystem 以及一个

FilesCounter 实例。我们来编写下面的代码。

ProgrammingActors/CountFiles.scala

```
import akka.actor._

object CountFiles extends App {
  val system = ActorSystem("sample")

  val filesCounter = system.actorOf(Props[FilesCounter])

  filesCounter ! args(0)
}
```

是时候看一下效果了。使用下面的命令编译这 3 个文件，并运行 CountFiles 单例：

```
scalac -d classes FilesCounter.scala FileExplorer.scala CountFiles.scala
scala -classpath classes CountFiles /Users/venkats/agility
```

现在让我们看一下输出结果：

```
Files count: 479758
Time taken: 5.609851764 seconds
```

输出结果表明，与我们一开始的顺序执行版本相比，这个版本在速度上有了可观的改进。我们不需要大量的代码来实现这一点。此外，也没有杂乱的线程创建和同步代码。这段代码所产生的清晰度令人相当欣慰。在使用 JDK 的解决方案时，我们通常不知道代码是否正确，与之不同的是，这段代码非常容易理解，并且易于改进。

13.7　使用建议

我们学会了创建 Actor，给它们发送消息，以及如何协调多个 Actor 实例。我们使用了一个无状态的 Actor 以及一个有状态的 Actor，并同时使用了单向通信和双向通信。这些灵活的特性可能有点儿难以置信。让我们来探讨一些与最佳实践相关的建议。

- 更多地依赖无状态的而不是有状态的 Actor。无状态的 Actor 没有特殊性，它们可以提供更多的并发性，易于复制，并且很容易重启和复用。状态可能是不可避免的，但是要尽可能少使用有状态的 Actor。
- 要保证 receive() 方法中的处理速度非常快，尤其是接收 Actor 具有状态的时候。改变状态的长时间运行任务将会降低并发性，要避免这样做。如果不修改状态的任务不是非常快速也不是什么问题，因为我们可以很容易地通过复制这些 Actor 来改进并发性，如同我们在 FileExplorer 中所做的那样。
- 确保在 Actor 之间传递的消息是不可变的对象。在所有的示例中，我们传递的都是 case 类的实例、String 或者 Int，所有的这些都是不可变的。传递不可变对象将保证我们不会在无意间修改共享状态，并最终导致并发问题。

- 尽量避免使用 ask()。双向通信通常都不是一个好主意。"发送并忘记"模型要好得多，而且也更加不容易出错。

13.8　小结

在本章中，我们就诸如并发这样的复杂主题取得了一些不错的进展，学习了 Actor 模型和这种模型所解决的问题，以及如何创建和使用 Actor，还学习了线程池如何和 Actor 一起工作，如何在 Actor 之间进行通信，以及最重要的，隔离的可变性是如何拯救并发的复杂性的。我们还应用这些概念实现了一个实际的例子，这个例子表明，只用少量代码就能获得可观的速度改进。在接下来几章中，我们将学习如何综合应用在本书中学到的 Scala 的各种概念。

第四部分

Scala 实战

现在我们已经知道 Scala 能够为我们做些什么了。让我们在一些实际应用的上下文中使用 Scala。读者将了解：

- 如何在 Java 中使用 Scala；
- 如何解析和生成 XML；
- 如何和 Web 服务进行通信；
- 如何应用并发；
- 如何使用 ScalaTest 创建单元测试。

第**14**章

和 Java 进行互操作

现已存在许多强大的 Scala 库，并与日俱增。开发人员不仅可以在 Scala 中使用这些库，也可以在 Java 中使用它们。但是要做到这一点，必须要学习一些技巧。[①]

在本章中，我们将会学习如何在 Scala 中使用 Java 类，以及如何在 Java 中使用 Scala 类。你可以轻松地混合使用 Scala 代码和 Java 代码，以及 JVM 上的其他编程语言代码。Scala 编译到字节码，你可以将所生成的 class 文件打包到一个 JAR 中。因此，你可以在 Java 和 Scala 应用程序中使用这些生成的字节码。请确保 scala-library.jar 文件位于你的 classpath 中，而这是你需要做的一切。

我们将会学习 Scala 习语在 Java 侧的表现。知道这一点便可以用 Scala 编写代码，使用诸如 Actor、模式匹配、XML 处理等特性，并在 Java 应用程序中轻松地使用它们。在本章结束时，我们将能够在自己的 Java 应用程序中充分利用 Scala 的各种优点。

14.1 在 Scala 中使用 Scala 类

在深入混合使用 Java 和 Scala 之前，让我们先来看一下如何在 Scala 中使用 Scala 类。如果你已经在单独的文件中创建了 Scala 类，请使用 Scala 的编译器 scalac 将它们编译为字节码。然后再使用 jar 工具将它们打包到一个 JAR 文件中。在下面的例子中，我们将编译两个类，即 Person 和 Dog，并从所生成的类文件中创建一个 JAR。让我们首先看看这些类。

Intermixing/Person.scala

```scala
class Person(val firstName: String, val lastName: String) {
  override def toString: String = firstName + " " + lastName
}
```

[①] 因为某些库可能没有针对潜在的 Java 用户设计友好的 API，所以可能需要一些潜在适配工作。——译者注

Intermixing/Dog.scala

```
class Dog(val name: String) {
  override def toString: String = name
}
```

下面是编译和创建 JAR 的命令：

```
scalac Person.scala Dog.scala
jar cf /tmp/example.jar Person.class Dog.class
```

运行这些命令将会在 /tmp 目录中创建一个名为 example.jar 的文件。在运行这些命令之前，要根据你的操作系统进行相应的调整，将其指向 tmp 文件夹。

现在，让我们从 Scala 脚本中使用这两个类。

Intermixing/UsePerson.scala

```
val george = new Person("George", "Washington")

val georgesDogs = List(new Dog("Captain"), new Dog("Clode"),
  new Dog("Forester"), new Dog("Searcher"))

println(s"$george had several dogs ${georgesDogs.mkString(", ")}...")
```

要运行这段脚本，我们需要提供 classpath，带上包含了相应类的 JAR 文件的位置。

```
scala -classpath /tmp/example.jar usePerson.scala
```

使用 classpath 选项以及脚本的文件名运行 scala 命令将会产生如下结果：

```
George Washington had several dogs Captain, Clode, Forester, Searcher...
```

我们成功地在脚本中使用了我们创建的 Scala 类。除了在独立的脚本中使用之外，要从其他的 Scala 类或者单例对象中使用这些类，只需要一个额外的步骤：使用 scalac 编译使用了这些类的类或者单例对象。

假设我们想要在下面的 Scala 代码中使用前面的 Person 类。

Intermixing/UsePersonClass.scala

```
object UsePersonClass extends App {
  val ben = new Person("Ben", "Franklin")
  println(s"$ben was a great inventor.")
}
```

如果 Person 类已经编译过了，那么我们可以只单独编译 UserPersonClass.scala 文件。如果 Person.class 不位于当前目录中，那么可以使用 classpath 选项来告诉编译器在哪里找到它。让我们来看一下用于编译 UserPersonClass.scala 文件的命令——-d 选项指定了生成字节码的位置：

```
mkdir -p classes
```

```
scalac -d classes -classpath /tmp/example.jar UsePersonClass.scala
```

我们可以使用 scala 工具或者传统的 java 工具来运行编译后的字节码。可以使用 scala 工具来运行任何 JVM 编译器（包括 scalac 和 javac）生成的字节码。下面是使用 scala 工具来运行 UsePersonClass.class 文件的一个例子：

```
scala -classpath classes:/tmp/example.jar UsePersonClass
```

但是，如果想要使用 java 工具运行这段编译后的字节码，那么只需要在 classpath 中指定 scala-library.jar。务必使用计算机上指向 scala-library.jar 的正确路径，如下所示：

```
java -classpath $SCALA_HOME/lib/scala-library.jar:classes:/tmp/example.jar \
  UsePersonClass
```

可以看到，前面的两种方式将产生相同的结果：

```
Ben Franklin was a great inventor.
```

14.2   在 Scala 中使用 Java 类

在 Scala 中使用 Java 类是相当简单直接的。如果想要使用的 Java 类是标准 JDK 的一部分，那么可以直接使用。如果要使用的类不是 java.lang 包的一部分，那么就必须要导入它。让我们使用来自 JDK 的 java.util.Currency 类。

Intermixing/UseJDKClass.scala
```
import java.util.Currency

val currencies = Currency.getAvailableCurrencies
println(s"${currencies.size} currencies are available.")
```

不再需要额外的编译步骤。Java 的 class 文件可以直接被 Scala 脚本使用。要运行这段脚本，录入下面的命令即可：

```
scala UseJDKClass.scala
```

运行这段脚本的输出结果如下：

```
224 currencies are available.
```

如果想要使用的 Java 类不是来自 JDK，而是自己编写的代码或者来自第三方，那么一定要确保将对应字节码所在的 classpath 指定给 scala。假设我们有下面的 Java 文件。

Intermixing/java/InvestmentType.java
```
// Java 代码
package investments;

public enum InvestmentType {
```

```
    BOND, STOCK, REAL_ESTATE, COMMODITIES, COLLECTIBLES, MUTUAL_FUNDS
}
```

Intermixing/java/Investment.java

```java
// Java 代码
package investments;

public class Investment {
  private String investmentName;
  private InvestmentType investmentType;

  public Investment(String name, InvestmentType type) {
    investmentName = name;
    investmentType = type;
  }
  public int yield() { return 0; }
}
```

我们可以在 Scala 中使用这些 Java 类，就像使用任何 Scala 类一样。下面是一个在 Scala 中创建 Investment 类的实例的例子。

Intermixing/UseInvestment.scala

```scala
import investments._

object UseInvestment extends App {
  val investment = new Investment("XYZ Corporation", InvestmentType.STOCK)
  println(investment.getClass)
}
```

让我们编译这段 Java 代码,将字节码放到一个名为 classes/investments 的目录中,然后再使用它来编译 Scala 代码。下面是用于编译和运行的命令:

```
mkdir -p classes
javac -d classes java/InvestmentType.java java/Investment.java
scalac -classpath classes UseInvestment.scala
scala -classpath classes:. UseInvestment
```

或者，只要我们编译好了这些源文件，作为最后一步，我们也可以使用 java 工具来运行它，而不是使用 scala 工具:

```
java -classpath $SCALA_HOME/lib/scala-library.jar:classes:. UseInvestment
```

确保设置好了环境变量 SCALA_HOME，将其指向操作系统上 Scala 被安装的位置。此外，如果使用的是 Windows，那么请使用%SCALA_HOME%替换环境变量引用$SCALA_HOME。

这可以无缝地工作，但是有一个例外。使用 Investment 类的 yield() 方法要谨慎。如果在 Java 代码中有方法或者字段的名字（如 trait、yield 等）和 Scala 的关键字相冲突，那么 Scala 编译器将会在你调用它们的时候停止工作。例如，下面的代码将不能通过编译:

```
val theYield1 = investment.yield    // 编译错误
val theYield2 = investment.yield() // 编译错误
```

幸运的是，Scala 提供了解决关键字冲突的方案——可以将受影响的变量/方法放置在一个反单引号（`）内。要使前面两个调用正常工作，应按照如下方式修改代码：

```
val investment = new Investment("XYZ Corporation", InvestmentType.STOCK)
val theYield1 = investment.`yield`
val theYield2 = investment.`yield`()
```

在看到反单引号时，Scala 将会把字段或者方法解析为目标实例的成员而不是关键字。

14.3 在 Java 中使用 Scala 方法

Scala 提供了完整的与 Java 的双向互操作性。因为 Scala 编译成字节码，所以可以很容易地在 Java 中使用 Scala 类。需要注意的是，因为在默认情况下，Scala 不遵循 JaveBean 约定，所以必须要使用@scala.reflect.BeanProperty注解来生成满足 JaveBean 约定的getter和 setter 方法，参见 4.1.3 节。让我们看一下如何在 Java 中使用在 Scala 中定义的方法。

遵循标准 Java 构造的 Scala 类是非常简单直接的，可以在 Java 中随时使用它们。为了说明如何在 Java 中混合使用 Scala，让我们先编写一个 Scala 类。

Intermixing/Car.scala
```
package automobiles

class Car(val year: Int) {
  private[this] var miles: Int = 0

  def drive(distance: Int): Unit = { miles += distance }

  override def toString: String = s"year: $year miles: $miles"
}
```

下面是一个示例 Java 类，它使用了这个 Scala 类。

Intermixing/UseCar.java
```
// Java 代码
package automobiles.users;
import automobiles.Car;

public class UseCar {
  public static void main(String[] args) {
    Car car = new Car(2009);

    System.out.println(car);
    car.drive(10);
```

```
    System.out.println(car);
  }
}
```

我们必须使用 scalac 来编译 Scala 代码，并使用 javac 来编译 Java 代码：

```
mkdir -p classes
scalac -d classes Car.scala
javac -d classes -classpath $SCALA_HOME/lib/scala-library.jar:classes \
  UseCar.java
java -classpath $SCALA_HOME/lib/scala-library.jar:classes \
  automobiles.users.UseCar
```

我们将生成的字节码放置在了 classes 目录中。从 Java 中使用 Scala 类，并调用 Car 实例上的方法非常简单。

我们在 Java 中调用的方法接受一个简单的参数。接受函数值作为参数的函数又如何呢？因为 Java 8 支持 lambda 表达式，你可能会认为将 Java 8 的 lambda 传递给这样的函数应该会很容易。尽管这是一个很自然而合理的想法，在 Scala 中函数值是由 Function 0 到 Function 22 特质支撑的，在旧版本的 Scala 中它们和 Java 8 的函数式接口并不兼容。Scala 2.12.x 版本已经解决了这个问题，并提供了方便的机制以便将 Java 8 的 lambda 表达式传递给 Scala 的函数。

14.4　在 Java 中使用特质

在 Java 中使用（Scala 的）特质时，你可能会遇到一些问题——没有什么是不可能的，但是有些粗糙的部分我们必须得变通解决，所以让我们放慢节奏来学习这一节。

没有方法实现的 Scala 特质在字节码层面只是简单的接口。Scala 不支持 interface 关键字。如果想要在 Scala 中创建接口，必须要创建没有方法实现的 Scala 特质。[①]下面是一个 Scala 特质的例子，它实际上只是一个接口。

Intermixing/Writable.scala
```
trait Writable {
  def write(message: String): Unit
}
```

这个特质有一个抽象方法，应该被所有混入这个特质的类实现。从 Java 的角度看，Writable 和任何其他接口看起来一样。实现该接口是非常简单直接的。

Intermixing/AWritableJavaClass.java
```
// Java 代码
```

---

① 在 Scala 2.12.x 版本中，因为 Java 8 的接口支持默认方法，所以对于不包含字段但包含方法实现的 Scala 特质将会被编译为带有默认方法的接口，在使用 Scala 2.11.x 时，上面的描述依然有效。——译者注

```
public class AWritableJavaClass implements Writable {
  public void write(String message) {
    //...其他代码...
  }
}
```

在使用一个没有实现的特质时，可以将其看作是一个简单接口，实现它的方式和在 Java 中实现接口的方式类似。

如果特质具有方法实现，那么 Scala 编译器将会创建两部分内容：一个具有抽象方法声明的接口，以及一个包含实现的对应抽象类。[①]如果只是想在 Java 中实现该接口，没问题。但是，对于具有实现的特质来说，如果想要在 Java 中进行实现，那就有点儿棘手了，但也只是少许的工作量。[②]

我们需要知道 Scala 实际上做了什么，这对于和 Java 进行互操作来说非常必要。在了解这部分内容的过程中，有两样东西很有帮助：合口味的咖啡因饮料以及 javap 工具。为了更好地理解，我们尝试以 Printable 特质为例进行说明，这个特质具有一个带有实现的方法。

Intermixing/Printable.scala

```
trait Printable {
  def print(): Unit = {
    println("running printable...")
  }
}
```

让我们看一下如何在 Java 中实现这个特质，并同时利用该特质中的实现。

运行下面的命令来编译该特质：

```
mkdir -p classes
scalac -d classes Printable.scala
```

在 classes 目录中，编译器创建了两个文件，即 Printable.class 和 Printable$class.class[③]（是的，这就是文件的名字）。使用下面的命令研究一下这两个文件：

```
javap classes/Printable.class classes/Printable\$class.class
```

javap 工具给出了一个清晰视图，展示了 Scala 编译器所做的操作：

```
Compiled from "Printable.scala"
public abstract class Printable$class {
```

---

① 这部分描述只针对 Scala 2.12.x 之前的版本有效，从 Scala 2.12.x 开始，对于只包含方法实现而不包含字段的特质将会被编译为带有默认方法的接口。——译者注

② 对于 Scala 2.12.x 来说，只要特质不是没有字段，只会生成一个接口，该接口同时包含了方法声明和实现。——译者注

③ 这是使用 Scala 2.11.x 的编译结果，对于上面的代码，使用 Scala 2.12.x，编译只会产生一个 Printable.class 文件。——译者注

```
      public static void print(Printable);
      public static void $init$(Printable);
}
Compiled from "Printable.scala"
public abstract class Printable$class {
  public static void print(Printable);
  public static void $init$(Printable);
}
```

编译器接受我们编写的特质，并使用和该特质相同的名称创建了一个接口——Printable。对所有实际的用法来说，这只是一个接口。此外，它还用该特质的名称和$class 后缀创建了一个抽象类。这个抽象类包含了来自该特质的实现。让我们创建一个实现了该特质的 Java 类，并利用该特质本身提供的实现——本质上，我们将 Scala 的特质混入了我们的 Java 代码中。

Intermixing/APrintable.java

```
1    public class APrintable implements Printable {
2      public void print() {
3        System.out.println("We can reuse the trait here if we like...");
4       //Printable$class.print(this); // 针对 Scala 2.11.x 版本
5        Printable.super.print(); // 针对 Scala 2.12.x 版本
6      }
7
8      public static void use(Printable printable) {
9        printable.print();
10     }
11
12     public static void main(String[] args) {
13       APrintable aPrintable = new APrintable();
14       use(aPrintable);
15     }
16  }
```

APrintable 这个 Java 类实现了 Printable 特质的接口部分。在 print() 方法中，我们提供了自己的实现，但是回过头来，同样我们也利用了该特质本身具有的实现。为此，在第 5 行中，我们调用了 Scala 编译器生成的抽象类中的静态方法。

为了展示我们可以将 Java 类的实例作为特质的实例来使用，use() 方法接收一个 Printable 的实例作为参数，我们将 APrintable 类的实例 aPrintable 传递给它。在 use() 方法中，我们调用了 print() 方法——它将会使用 Printable 类中的实现，反过来，这又会使用该 Scala 特质中的实现。

为了运行这段代码，要先编译这段 Java 代码，然后再运行 java 命令：

```
javac -d classes -classpath $SCALA_HOME/lib/scala-library.jar:classes \
  APrintable.java
```

```
java -classpath $SCALA_HOME/lib/scala-library.jar:classes APrintable
```

编译和运行代码的步骤也非常简单。我们只需要确保正确地设置了 `classpath`，以包含 Scala 库以及与我们编写的特质相关的类即可。让我们来看一下输出结果：

```
We can reuse the trait here if we like...
running printable...
```

该输出结果表明，我们成功地将特质混入了我们的 Java 类中，并复用了该特质中的实现。

如果只是想要在 Java 中实现 Scala 的特质，那么要保持所编写的特质纯粹，不要带有任何的实现。[①]因为特质实际上就是接口，所以在 Java 中实现它们也不是难事。另外，如果想要在 Java 类中混用 Scala 的特质，那么请拿起 `javap` 工具，以获得对底层的细节把控。一旦发现了生成的实际类名，便可以继续，并在 Java 中使用该特质。

14.5　在 Java 中使用单例对象和伴生对象

Scala 将单例对象和伴生对象编译为一个"单例类"，其名称的末尾有一个特殊的 `$` 符号。但是，很快你就将会看到，Scala 以不同的方式对待单例对象和伴生对象。

在编译的时候，Scala 将单例对象和伴生对象都编译为一个在字节码层面具有 `static` 方法的 Java 类。此外，还将会创建一个常规类，它的方法将会把调用转发给所创建的单例类。因此，例如，下面这段代码定义了一个单例对象 `Single`，Scala 创建了两个类，即 `Single$` 和转发类 `Single`。

Intermixing/Single.scala

```scala
object Single {
  def greet(): Unit = { println("Hello from Single") }
}
```

我们也可以在 Java 中使用 Scala 的单例对象，类似于使用具有静态方法的 Java 类，如下所示。

Intermixing/SingleUser.java

```java
// Java 代码
public class SingleUser {
  public static void main() {
    Single.greet();
  }
}
```

上面这段代码的输出结果如下：

---

① 如果使用的是 Scala 2.12.x 版本，那么这时也是可以带有默认实现的，不过不要带有字段。——译者注

```
Hello from Single
```

如果要使用的不是一个单例对象，而是一个伴生对象，那么事情就变得稍微复杂一些。如果你的对象是一个与其对应的类具有相同名称的伴生对象，那么 Scala 将会创建两个类，一个用于类，而另一个用于其伴生对象。例如，Scala 将会把下面的 Buddy 类和它的伴生对象分别编译为 Buddy 和 Buddy$两个文件。

Intermixing/Buddy.scala

```scala
class Buddy {
  def greet(): Unit = { println("Hello from Buddy class") }
}

object Buddy {
  def greet(): Unit = { println("Hello from Buddy object") }
}
```

在这个例子中，有两个名为 greet() 的方法，一个位于 Buddy 类中，另一个则位于其伴生对象中。与此类似，在一个 Java 类中也可以同时存在具有相同名称的实例方法和静态方法。从 Java 中访问实例方法非常容易，但是要访问伴生对象的方法则需要付出一番努力。

从 Java 中访问伴生类与从 Scala 中访问它非常类似。例如，在 Scala 中，我们会写 new Buddy().greet()；其 Java 版本几乎是完全相同的，只是我们必须要强制地在末尾添加分号。但是，在两种编程语言中，访问定义在其伴生对象中方法的语法则完全不同。在 Scala 中，我们只需要编写 Buddy.greet()，但是要从 Java 中访问这些方法，来看下面代码中的第 5 行。

Intermixing/BuddyUser.java

```java
1    // Java 代码
2    public class BuddyUser {
3      public static void main(String[] args) {
4        new Buddy().greet();
5        Buddy$.MODULE$.greet();
6      }
7    }
```

如果这些代码让你感到头疼，要知道这不是你的错。此时，你必须要越过一些障碍，首先获取伴生对象 Buddy$类，然后指向其静态的 MODULE$属性，它保存了对该实例的引用。最后，调用了该实例上的 greet() 方法。在这里你的好帮手还是 javap 工具，你可以使用它来挖掘和评估编译器生成的字节码。

编译并运行这段 Java 代码，并查看输出结果：

```
Hello from Buddy class
Hello from Buddy object
```

起初，扫一眼用于访问伴生对象上方法的代码可能会引起"不适感"。如果发生这种情况，请静下心来，并把目光从这些代码上移开一会儿。花点儿时间深入地了解 javap 工具提供的字节码详细信息，然后通过解读对象引用来进行推理。一旦你掌握了诀窍，在你的项目实在需要的时候，对你来说，从 Java 中处理各种复杂的 Scala API 就不会有任何问题了。

14.6　扩展类

可以从 Scala 类中扩展 Java 类，反之亦然。在大多数情况下，这应该都不会有什么问题。如前所述，如果你的方法接受函数值作为参数，那么在对它们进行复写（overriding）的时候将会遇到问题。[①]异常也是一个问题。

Scala 没有 throws 子句。在 Scala 中，可以从任何方法中抛出任何异常，而没必要显式地将其声明为方法签名的一部分。但是，如果在 Java 中重写这样的方法，当你尝试抛出异常的时候就会遇到问题。让我们来看一个例子。假如我们在 Scala 中定义了一个 Bird 类。

```
abstract class BirdWithProblem {
  def fly(): Unit
  //...
}
```

我们还有另外一个类——Ostrich：

Intermixing/Ostrich.scala

```
class Ostrich extends BirdWithProblem {
  override def fly(): Unit = {
    throw new NoFlyException
  }
  //...
}
```

其中 NoFlyException 的定义像下面这样。

Intermixing/NoFlyException.scala

```
class NoFlyException extends Exception {}
```

在前面的代码中，Ostrich 类的 fly() 方法可以抛出异常，不会遇到任何问题。然而，如果我们在 Java 中实现一个新类，它代表了不会飞的鸟，那么我们就会遇到问题，如下所示。

Intermixing/Penguin.java

```
// Java 代码
class Penguin extends BirdWithProblem {
  public void fly() throws NoFlyException {
    throw new NoFlyException();
  }
```

[①] 在使用 Scala 2.12.x 版本时，将不会遇到相关的问题。——译者注

```
//...
}
```

起初，如果我们简单地抛出异常，那么 Java 将只会抱怨抛出了一个未报告的异常。但是，如果我们通过 throws 子句声明了抛出异常的意图，那么我们将会得到下面的结果：

```
Penguin.java:3: error: fly() in Penguin cannot override fly() in BirdWithProblem
  public void fly() throws NoFlyException {
              ^
  overridden method does not throw NoFlyException
1 error
```

虽然 Scala 很灵活，并没有强制必须要指定所抛出的异常，但是如果你打算在 Java 中扩展这些方法，那么你必须要求 Scala 编译器在方法签名中生成这些细节信息。Scala 通过定义 @throws 注解为此提供了支持。

虽然 Scala 支持注解，但是它却并没有提供任何创建注解①的语法。如果想要创建你自己的注解，那么必须要使用 Java。@throws 是一个预置的注解，用于表示你的方法抛出的受检异常。所以，如果我们要在 Java 中实现 Penguin 类，就必须像下面这样修改 Scala 中的 Bird 类。

Intermixing/Bird.scala

```
abstract class Bird {
  @throws(classOf[NoFlyException]) def fly(): Unit
  //...
}
```

现在，当我们编译这个类的时候，Scala 编译器将会在字节码中为 fly() 方法放置必要的签名。有了这一变化之后，让我们的 Java 类 Penguin 继承这个新的 Bird 类，这时编译将不会有任何问题了。

14.7　小结

从 Scala 中调用 Java 代码很方便。在大多数情况下，从 Java 中调用 Scala 代码也很容易。但在使用伴生对象和扩展抛出异常的方法时有一些不好的体验。当然，在一开始，这些看起来可能有点儿吓人，但是一旦理解了它的诀窍，并使用了像 javap 这样的工具来帮助理解，我们就可以迅速地开始混合使用 Java 和 Scala。除了为我们在企业级应用中混合使用这两门编程语言打开大门，这也将极大地帮助我们使用一些使用 Scala 编写的库，这些库功能强大，例如，从现在的这个 Java 应用程序开始着手。在下一章中，我们将综合应用在本书中学到的内容。我们将创建一个小型应用程序，并沿着这条路，学习更多的技术内容。

---

① 这里是指 Java 的注解。事实上，在使用 Scala 时，也可以创建 Scala 相关的注解。——译者注

第 15 章

使用 Scala 创建应用程序

在本章中，我们将会把在本书中学到的许多东西汇集到一起，并学习一些新东西。我们将逐步构建一个应用程序，用于找到股票市场中的投资的净值。在这个练习中，我们将会看到一些夺目的特性：简洁性与表现力、模式匹配的力量以及函数值/闭包和并发。此外，我们还将学习 Scala 对 XML 处理的支持——一个在构建企业级应用时会极大受益的特性。[①]

15.1 获取用户输入

我们将会构建一个应用程序，它接受一组股票代码以及用户所持有的数量作为输入，并向用户提供当前日期他们的投资总价值。这涉及以下的几个方面：获取用户的输入、读取文件、分析数据、写入文件、从 Web 获取数据以及向用户展示信息。

我们先分别开发该应用程序的各个部分，以获得对它们的良好理解，然后再将它们结合在一起，来创建这个应用程序。让我们开始吧。

首先，我们想要知道每支股票的股票代码，以及每支股票的持有数量，有了这些信息，应用程序便可以算出它们的价值。Scala 的 `StdIn` 类可以帮助我们从命令行中获取输入。

下面的代码从标准输入中读取信息。

UsingScala/ConsoleInput.scala

```
import scala.io._

print("Please enter a ticker symbol:")
val symbol = StdIn.readLine()
println(s"OK, got it, you own $symbol")
```

[①] 从 Scala 2.11.x 版本开始，对 XML 的支持已经被移到了单独的模块中。——译者注

这段代码的一个执行示例如下所示：

```
Please enter a ticker symbol:OK, got it, you own AAPL
```

如果需要使用 Scala 创建一个控制台应用程序，那么可以使用 `StdIn` 类从控制台读取不同类型的数据。

15.2　读写文件

既然知道了如何在 Scala 中获取用户的输入，那么现在是时候了解如何将数据写入文件中了。我们可以使用 `java.io.File` 对象来实现这一目标。下面是一个写入文件的例子。

UsingScala/WriteToFile.scala

```scala
import java.io._

val writer = new PrintWriter(new File("symbols.txt"))
writer write "AAPL"
writer.close()
println(scala.io.Source.fromFile("symbols.txt").mkString)
```

这段简单的代码将股票代码"AAPL"写入了名为 `symbols.txt` 的文件中。

读取文件也很简单。Scala 的 `Source` 类及其伴生对象在这时就非常有用了。为了说明，我们来编写一段 Scala 脚本，它将读取它自身的内容。

UsingScala/ReadingFile.scala

```scala
import scala.io.Source
println("*** The content of the file you read is:")
Source.fromFile("ReadingFile.scala").foreach { print }
```

我们读取包含这段代码的文件，并打印出它的内容。正如所知，在 Java 中读取文件并不是一项简单的任务，因为这时不得不编写不少的 `try-catch` 代码块。这段代码的输出结果如下：

```
*** The content of the file you read is:
import scala.io.Source

println("*** The content of the file you read is:")
Source.fromFile("ReadingFile.scala").foreach { print }
```

`Source` 类是在输入流上的 `Iterator`。`Source` 类的伴生对象拥有一些便捷方法，可用于读取文件、输入流、字符串甚至是 URL。就像很快就会看到的那样。`foreach()` 方法可以帮助你每次获取一个字符——将会缓冲输入，所以不用担心性能。如果想要一次性地读取一行内容，那么应该使用 `getLines()` 方法。

很快我们便需要从 Web 上读取信息。在讨论 `Source` 类的伴生对象的同时，让我们来看

一下它的 `fromURL()`方法。这个方法对于读取网站上的内容、Web 服务或者任何可以使用 URL 指向的东西都很有用。下面的示例将从作者的计算机本地运行的 Apache Web 服务器（即 `localhost`）上读取内容。

UsingScala/ReadingURL.scala
```
import scala.io.Source
import java.net.URL

val source = Source.fromURL(new URL("http://localhost"))

println(s"What's Source?: $source")
println(s"Raw String: ${source.mkString}")
```
这段代码的输出结果如下：
```
What's Source?: non-empty iterator
Raw String: <html><body><h1>It works!</h1></body></html>
```

我们调用了 `fromURL()`方法，用于从该 URL 获取一个 `Source` 类的实例，`Source` 类的实例是一个迭代器，可以用于遍历相应的内容。我们可以使用 `Source` 的方法，如 `getLines()`方法，一次处理一行。或者，我们也可以使用 `mkSring()`方法，将所有的行拼接成一整个字符串。

虽然前面的示例可能并不能满足你读取和写入文件以及访问 URL 的热情，但是我们还是需要回到我们的资产管理应用程序上来。我们可以将股票代码以及对应的数量存储为纯文本。读取文件很容易，但是分析文件的内容，从而获取各种股票代码及其对应的数量就不那么容易了。虽然我们都讨厌 XML 的冗长，但是从组织这种信息并解析的角度来看，它的确很方便。我们在该资产管理应用程序中就使用 XML。

15.3 XML 作为一等公民

Scala 将 XML 看作是一等公民。[①]因此，可以将 XML 的文档内联到代码中，如同编写一个 `Int` 或者 `Double` 值一样，而不用将其嵌入字符串中。我们来看一个示例。

UsingScala/UseXML.scala
```
val xmlFragment =
  <symbols>
    <symbol ticker="AAPL"><units>200</units></symbol>
    <symbol ticker="IBM"><units>215</units></symbol>
  </symbols>
```

[①] 在 Scala 的未来版本中，将会移除对 XML 的原生支持，进而使用基于字符串插值的方式。——译者注

```
println(xmlFragment)
println(xmlFragment.getClass)
```

我们创建了一个名为 `xmlFragment` 的 `val` 变量，并直接为其分配了一个示例 XML 内容。Scala 解析了该 XML 内容，并愉快地创建了一个 `scala.xml.Elem` 类的实例，如同在输出结果中所看到的：

```
<symbols>
  <symbol ticker="AAPL"><units>200</units></symbol>
  <symbol ticker="IBM"><units>215</units></symbol>
</symbols>
class scala.xml.Elem
```

Scala 的 `scala.xml` 包提供了一组便于使用的类，用于读取、分析、创建和存储 XML 文档。在 Scala 中，解析 XML 文档这一轻松便捷的特性非常吸引人，与 Java 相比，在 Scala 中使用 XML 还是可以接受的。我们来探讨一下用于解析 XML 的实用工具。

你可能已经使用过 XPath——一种用于查询 XML 文档的强大的方式。Scala 提供了一种类似于 XPath 的查询能力，它和 XPath 只有一点细微的差别。Scala 不使用熟悉的 XPath 正斜杠（`/` 或者 `//`）来查询，而是使用反斜杠（`\` 和 `\\`）来作为分析和提取内容的方法。这种差别是必要的，因为 Scala 遵循 Java 的传统，使用两个正斜杠来进行注释，而单个正斜杠则是除法操作符。我们来分析一下我们手上的这段 XML。

下面是一段用于获取 `symbol` 元素的代码片段，使用了类 XPath 的查询语法。

UsingScala/UseXML.scala

```
var symbolNodes = xmlFragment \ "symbol"
symbolNodes foreach println
println(symbolNodes.getClass)
```

让我们看一下这段代码产生的输出结果：

```
<symbol ticker="AAPL"><units>200</units></symbol>
<symbol ticker="IBM"><units>215</units></symbol>
class scala.xml.NodeSeq$$anon$1
```

我们调用了 XML 元素上的 `\()` 方法来查找所有的 `symbol` 元素。它将返回一个 `scala.xml.NodeSeq` 的实例，它代表一个 XML 节点的集合。

`\()` 方法只查找目标元素的直接子元素，即这个示例中的 `symbols` 元素。如果要从目标元素开始的层次结构中搜索所有元素，应使用 `\\()` 方法。此外，也可以使用 `text()` 方法来获取元素内的文本节点。让我们在一个示例中使用这些方法。

UsingScala/UseXML.scala

```
var unitsNodes = xmlFragment \\ "units"
unitsNodes foreach println
```

```
println(unitsNodes.getClass)
println(unitsNodes.head.text)
```

让我们看一下这段代码的输出结果：

```
<units>200</units>
<units>215</units>
class scala.xml.NodeSeq$$anon$1
200
```

虽然 units 元素不是根元素的直接子元素，但是 \\() 方法还是提取了这些元素——\() 方法做不到这一点。text() 方法能从一个 units 元素中提取文本。我们也可以使用模式匹配来获取文本值以及其他内容。如果要在一个 XML 文档中进行定位，那么 \() 和 \\() 方法都是非常有用的。但是，如果希望在 XML 文档中的任意位置上查找匹配的内容，模式匹配将更加有用。

在第 9 章中我们已经看到了模式匹配的强大之处。Scala 也将这一能力扩展到了匹配 XML 片段中，让我们看一下如何做到这一点。

UsingScala/UseXML.scala

```
unitsNodes.head match {
  case <units>{ numberOfUnits }</units> => println(s"Units: $numberOfUnits")
}
```

模式匹配为我们提取了下面的内容：

```
Units: 200
```

我们使用了第一个 units 元素，并要求 Scala 提取其文本值。在 case 语句中，我们对我们感兴趣的片段进行了模式匹配，并提供了一个模式匹配变量——numberOfUnits，作为该元素的文本内容的占位符。

这帮我们获取了一个股票代码的数量。然而，这有两个问题。仅当内容与 case 语句中的表达式完全匹配时，前面的方法才有效。也就是说，units 元素仅包含一个内容项或者一个子元素时。如果它包含了混合的子元素和文本内容，前面的模式匹配将会失败。此外，我们希望得到的所有股票代码的数量，而不只是第一个。我们可以通过使用 _*符号来要求 Scala 抓取所有的内容、元素以及文本，就像下面这样。

UsingScala/UseXML.scala

```
println("Ticker\tUnits")
xmlFragment match {
  case <symbols>{ symbolNodes @ _* }</symbols> =>
    for (symbolNode @ <symbol>{ _* }</symbol> <- symbolNodes) {
      println("%-7s %s".format(
        symbolNode \ "@ticker", (symbolNode \ "units").text))
    }
```

```
}
```

在研究代码之前，我们先看一下输出结果：

```
Ticker  Units
AAPL    200
IBM     215
```

这是很漂亮的输出结果，不过生成结果的代码却有点儿密集。让我们花点儿时间来理解它。

通过使用 _* 通配符，我们要求将 `<symbols>` 和 `</symbols>` 元素之间的所有内容都读取到占位符变量 `symbolNodes` 中。在 9.1.3 节中，我们看到了如何使用一个 @ 符号来放置一个变量名的例子。好消息是：该调用阅读了所有的内容。而坏消息也是：它阅读了所有的内容，包括表示 XML 片段中的空格。如果你使用过 XML 的 DOM 解析器，那么对这种问题可能已经习以为常。为了解决这个问题，在遍历 `symbolNodes()` 时，我们将再次通过模式匹配来遍历 symbol 元素，这一次的模式匹配实际上是发生在 `for()` 表达式的参数列表中。

需要记住的是，提供给 `for()` 表达式的第一个参数实际上是一个模式（参见 8.6 节）。最后，我们执行了一个 XPath 查询，以获取 `ticker` 属性值，以及 `units` 元素中的文本值；在使用 XPath 时，你使用了一个 @ 前缀来指示属性查询。

15.4 读写 XML

一旦我们将一个 XML 文档加载到了内存中，我们便知道如何解析它了。下一步是找到一种方法将该 XML 加载到应用程序中，并将内存中的文档保存到文件中。例如，让我们加载一个包含股票代码和数量的 XML 文件，将其数量增加 1，并随后将更新后的内容存储到另外一个 XML 文件中。我们先来解决加载文件的这一步。

下面是将要使用的示例文件 stocks.xml。

UsingScala/stocks.xml

```
<symbols>
  <symbol ticker="AAPL"><units>200</units></symbol>
  <symbol ticker="ADBE"><units>125</units></symbol>
  <symbol ticker="ALU"><units>150</units></symbol>
  <symbol ticker="AMD"><units>150</units></symbol>
  <symbol ticker="CSCO"><units>250</units></symbol>
  <symbol ticker="HPQ"><units>225</units></symbol>
  <symbol ticker="IBM"><units>215</units></symbol>
  <symbol ticker="INTC"><units>160</units></symbol>
  <symbol ticker="MSFT"><units>190</units></symbol>
  <symbol ticker="NSM"><units>200</units></symbol>
  <symbol ticker="ORCL"><units>200</units></symbol>
```

```
    <symbol ticker="SYMC"><units>230</units></symbol>
    <symbol ticker="TXN"><units>190</units></symbol>
    <symbol ticker="VRSN"><units>200</units></symbol>
    <symbol ticker="XRX"><units>240</units></symbol>
</symbols>
```

位于 scala.xml 包中 XML 单例对象上的 load()方法可用于加载该文件,如下所示。

UsingScala/ReadWriteXML.scala
```
import scala.xml._

val stocksAndUnits = XML load "stocks.xml"
println(stocksAndUnits.getClass)
println(s"File has ${(stocksAndUnits \\ "symbol").size} symbol elements")
```

该 load()方法将返回一个 scala.xml.Elem 类的实例。在这一实例上进行一次快速的类 XPath 查询,可以看到位于该文件中的 symbol 元素的个数:

```
class scala.xml.Elem
File has 15 symbol elements
```

我们已经知道如何解析这个文档的内容,并将股票代码及其对应的数量保存到一个 Map 中。下面是完成这项工作的相应代码。

UsingScala/ReadWriteXML.scala
```
val stocksAndUnitsMap =
  (Map[String, Int]() /: (stocksAndUnits \ "symbol")) { (map, symbolNode) =>
   val ticker = (symbolNode \ "@ticker").toString
   val units = (symbolNode \ "units").text.toInt
   map + (ticker -> units) // 返回一个新的 Map,其中新增了这个映射
  }

println(s"Number of symbol elements found is ${stocksAndUnitsMap.size}")
```

处理完每个 symbol 元素之后,我们将其中的股票代码以及对应的数量累加到一个新的 Map 中。在下面的输出结果中,可以看到从文档加载到 Map 中的股票代码的数量:

```
Number of symbol elements found is 15
```

我们还有几个步骤没有完成:增加 units 的值、创建一个表示该数据的 XML,以及将其存储到一个文件中。

你知道 Scala 不需要你将 XML 元素塞到一个字符串中。但是,你可能会想,如何将动态的内容生成到一个 XML 文档中呢?这就是智能的 Scala XML 库超乎想象之所在了。

可以在任何的 XML 片段中嵌入 Scala 表达式。如果我们编写<symbol ticker = {tickerSymbol} />,那么 Scala 将会把{tickerSymbol}替换为变量 tickerSymbol 的值,例如,这将产生类似于<symbol ticker="AAPL"/>这样的元素。可以在{}之间

放置任意的 Scala 代码，并且这个代码块的结果可能是一个值、XML 元素或者一个 XML 元素序列。让我们使用该特性，并从我们之前创建的 Map 创建其 XML 表示。在完成时，我们将使用 XML 对象的 save()方法来将内容保存到一个文件中。我们来看一下对应的代码。

UsingScala/ReadWriteXML.scala

```
val updatedStocksAndUnitsXML =
  <symbols>
    { stocksAndUnitsMap map updateUnitsAndCreateXML }
  </symbols>

def updateUnitsAndCreateXML(element: (String, Int)) = {
  val (ticker, units) = element
  <symbol ticker={ ticker }>
    <units>{ units + 1 }</units>
  </symbol>
}

XML save ("stocks2.xml", updatedStocksAndUnitsXML)

val elementsCount = (XML.load("stocks2.xml") \\ "symbol").size
println(s"Saved file has $elementsCount symbol elements")
```

让我们运行这段代码，看一下对应的输出结果：

```
Saved file has 15 symbol elements
```

让我们研究一下产生这段输出结果的代码。我们首先创建了一个使用 symbols 作为根元素的 XML 文档。我们想要将嵌入这个根元素的子元素（symbol）的数据保存在 stocksAndUnitsMap 中，它是我们之前创建的一个 Map。随后，我们遍历了这个 Map 中的每个元素，并使用 updateUnitsAndCreateXML()方法创建了一个 XML 表示。这项操作的结果是一个 XML 元素的集合（因为我们使用了 map()方法）。在传递给 map()方法的闭包中，Scala 隐式地将我们在闭包中收到的参数（Map 的一个元素）传递到了 updateUnits AndCreateXML()方法。

现在，让我们来看一下 updateUnitsAndCreateXML()方法。它接受一个 Map 的元素作为参数，并创建了一个\<symbol ticker="sym">\<units>value\</units>\</symbol>格式的 XML 片段。在处理每个股票代码的同时，我们关心的目标是将数量增加 1。

在最后一步中，我们使用了 save()方法来保存在生成的文档。我们从文件 stocks2.xml 中读取回我们保存的文档，进而查看我们生成的内容。

save()方法只是保存了 XML 文档，没有任何其他的附加功能。如果想要添加一个 XML 版本、添加 doctype 以及指定编码，就要使用 XML 单例对象的 save()方法的其他变体。

15.5 从 Web 获取股票价格

作为资产净值应用程序的最后一步，我们还必须从 Web 获取股票的价格。在我们之前看到的 `stocks.xml` 文件中，我们有股票代码的列表及其对应的数量。对于每个股票代码，我们将需要获取其收盘价。为了方便读者，我们以在线静态数据的形式提供了本书中用到的股票信息。例如，要查找谷歌股票的最新收盘价，可以访问下面的 URL：

```
https://raw.githubusercontent.com/ReactivePlatform/Pragmatic-Scala-
StaticResources/master/src/main/resources/stocks/daily/daily_GOOG.csv
```

当访问上面的 URL 时，将会得到一个可下载的逗号分隔值（CSV）文件。

该文件的一个示例如下所示：

```
timestamp ,open     ,high     ,low      ,close    ,volume
2018-04-16,1037.0000,1043.2400,1026.7400,1037.9800,1194115
2018-04-13,1040.8800,1046.4200,1022.9800,1029.2700,1223017
2018-04-12,1025.0400,1040.6900,1021.4300,1032.5100,1359389
...
```

要获取最新的收盘价，我们必须要跳过第一行的标题行，然后步进到第二行，其包含了最近日期的数据。从该 CSV 中，简单地抓取第五个元素——位于以传统的基于 0 的索引开始的索引位置 4 上的元素。如果想要收盘价，则抓取第五个元素。

为了让这项服务工作起来。我们将打开我们的 `stocks.xml` 文件，抓取每支股票代码，并获取该股票代码的最新收盘价。我们将获取到的收盘价乘以所持有的股票数量，便得到了该股票的总价值。通过统计所有这些股票价值的总和，我们便可以知道我们投资的总净值了。

让我们编写代码，使用在 XML 文件中提供的股票代码和数量填充了一个 Map。我们还要编写从 Web 服务获取数据的相关代码，这些代码位于一个名为 `StockPriceFinder` 的单例对象中。

UsingScala/StockPriceFinder.scala

```scala
object StockPriceFinder {
  import scala.io.Source

  case class Record(year: Int, month: Int, date: Int, closePrice: BigDecimal)

  def getLatestClosingPrice(symbol: String): BigDecimal = {
    val url = s"https://raw.githubusercontent.com/ReactivePlatform/" +
    s"Pragmatic-Scala-StaticResources/master/src/main/resources/" +
    s"stocks/daily/daily_$symbol.csv"

    val data = Source.fromURL(url).mkString
    val latestClosePrize = data.split("\n")
```

```
        .slice(1, 2)
        .map(record => {
          val Array(timestamp, open, high, low, close, volume) = record.split(",")
          val Array(year, month, date) = timestamp.split("-")
          Record(year.toInt, month.toInt, date.toInt, BigDecimal(close.trim))
        })
        .map(_.closePrice)
        .head
      latestClosePrize
  }

  def getTickersAndUnits: Map[String, Int] = {
    val classLoader = this.getClass.getClassLoader
    val stocksXMLInputStream = classLoader.getResourceAsStream("stocks.xml")
    // 或者来自于文件
    val stocksAndUnitsXML = scala.xml.XML.load(stocksXMLInputStream)
    (Map[String, Int]() /: (stocksAndUnitsXML \ "symbol")) {
      (map, symbolNode) =>
        val ticker = (symbolNode \ "@ticker").toString
        val units = (symbolNode \ "units").text.toInt
        map + (ticker -> units)
    }
  }
}
```

在 getLatestClosingPrice() 方法中，对于给定的 symbol，我们将调用进行 Web 访问，并得到相应的价格数据。因为数据是 CSV 格式的，所以我们将拆分数据，以提取收盘价。最终收盘价是由这个方法返回的。

因为我们的股票代码和数量都在 stocks.xml 文件中，所以 getTickersAndUnits() 方法读取了该文件，并创建了一个股票代码和数量的 Map。我们在前几节中看到了如何实现这一点。它和移到单例对象中的代码相同。现在，我们已经准备好获取数据并计算结果了。相应的代码如下所示。

UsingScala/FindTotalWorthSequential.scala

```
object FindTotalWorthSequential extends App {
  val symbolsAndUnits = StockPriceFinder.getTickersAndUnits

  println("Ticker  Units  Closing Price($) Total Value($)")

  val startTime = System.nanoTime()
  val valuesAndWorth = symbolsAndUnits.keys.map { symbol =>
    val units = symbolsAndUnits(symbol)
    val latestClosingPrice = StockPriceFinder getLatestClosingPrice symbol
    val value = units * latestClosingPrice

    (symbol, units, latestClosingPrice, value)
```

```
  }

  val netWorth = (0.0D) /: valuesAndWorth) { (worth, valueAndWorth) =>
    val (_, _, _, value) = valueAndWorth
    worth + value
  }
  val endTime = System.nanoTime()

  valuesAndWorth.toList.sortBy { _._1.foreach { valueAndWorth =>
    val (symbol, units, latestClosingPrice, value) = valueAndWorth
    println(f"$symbol%7s  $units%5d  $latestClosingPrice%15.2f  $value%.2f")
  }

  println(f"The total value of your investments is $$$netWorth%.2f")
  println(f"Took ${(endTime - startTime) / 1000000000.0}%.2f  seconds")
}
```

让我们运行这段代码，并看一下对应的输出结果。

```
Ticker  Units  Closing Price($)  Total Value($)
  AAPL    200            175.82        35164.00
  ADBE    125            226.52        28315.00
   ALU    150              3.46          519.00
   AMD    150             10.09         1513.50
  CSCO    250             43.30        10825.00
   HPQ    225             21.85         4916.25
   IBM    215            157.89        33946.35
  INTC    160             52.40         8384.00
  MSFT    190             94.17        17892.30
   NSM    200             18.03         3606.00
  ORCL    200             46.05         9210.00
  SYMC    230             27.75         6382.50
   TXN    190            103.50        19665.00
  VRSN    200            123.79        24758.00
   XRX    240             29.06         6974.40
The total value of your investments is $212071.30
Took 7.48   seconds
```

我们首先使用 StockPriceFinder 的 getTickersAndUnits() 方法从 XML 文件中获取股票代码和对应数量的 Map，并将其存储在变量 symbolsAndUnits 中。然后，对于每支股票代码，我们都调用了 StockPriceFinder 的 getLatestClosingPrice() 方法来获取最新的价格。map() 操作的结果是一个元组的集合，该元组具有 4 个值，即股票的 symbol、units、lastestclosingPrice 和 value。然后我们使用了 foldLeft() 方法的替代方法 /:() 方法，从而将元组的集合归结到一个 netWorth 值中。这就完成了代码的计算部分。在这之后，我们已经就绪，可以打印对应的结果了。为了确保输出按照股票代码的名称排序顺序显示，我们使用 toList() 方法将该元组的集合转换为了一个列表，并按照其股票代码的名称对其进行了排序——这是元组中的第一个值，由 ._1 索引属性代表。我

们打印了每个股票代码的数量、价格和价值，然后是净值，最后是代码的整体运行时间。

要完成这项任务，并不需要太多的代码。该示例运行了大约 7 s 的时间。在 15.6 节中，我们将使其更快响应。

15.6　编写并发的资产净值应用程序

对该资产净值应用程序的顺序实现来说，每次只查询一支股票的最新价格。主要的延迟来自等待 Web 响应的时间——网络延迟。让我们重构之前的代码，以便可以并发地对所有的股票代码最新价格发起请求。完成后，我们就可以看到，我们的资产净值应用程序可以更快地给出结果。

要使这个应用程序并发化，其实不费吹灰之力。由于股票代码都在集合中，所以我们要做的就是：把集合变成一个并发集合，这样就可以了！我们只需要修改一行代码。在前面的代码中，将

```
val valuesAndWorth = symbolsAndUnits.keys.map { symbol =>
```

改成

```
val valuesAndWorth = symbolsAndUnits.keys.par.map { symbol =>
```

我们做的所有事情便是在调用 keys() 和 map() 方法之间插入对 par() 方法的调用。现在编译并运行修改后的代码，并查看输出结果：

```
Ticker  Units  Closing Price($)  Total Value($)
   AAPL  200            175.82   35164.00
   ADBE  125            226.52   28315.00
    ALU  150              3.46   519.00
    AMD  150             10.09   1513.50
   CSCO  250             43.30   10825.00
    HPQ  225             21.85   4916.25
    IBM  215            157.89   33946.35
   INTC  160             52.40   8384.00
   MSFT  190             94.17   17892.30
    NSM  200             18.03   3606.00
   ORCL  200             46.05   9210.00
   SYMC  230             27.75   6382.50
    TXN  190            103.50   19665.00
   VRSN  200            123.79   24758.00
    XRX  240             29.06   6974.40
The total value of your investments is $212071.30
Took 2.27   seconds
```

在这两个版本的应用程序之间，所有的股票价格和价值都是一样的。与顺序的代码相比，并发版本所耗费的时间要少得多——这简直就是四两拨千斤。

15.7 小结

在本章中，我们看到了 Scala 在构建资产净值应用程序方面的简洁性和表现力。我们在这个应用程序中使用了非常多的特性：与标准输入和标准输出进行交互，读取和写入文件，加载、分析、创建和保存 XML 文档，使用类 XPath 查询和强大的模式匹配来提取 XML 文档中的值，从 Web 服务获取数据。在最后，我们使该应用程序并发化，从而更快速地得到结果，而且几乎没有额外的工作量。

我们已经学习了如何使用 Scala 进行编程，但是，如果没有单元测试，我们的讨论就不算完整。让我们开始学习下一章吧。

第 16 章

单元测试

代码将总是按照被编写的行为运行——单元测试将确保它做的确实符合编写者的本意。在开发应用程序的过程中，单元测试还有助于确保代码行为持续符合预期。

学习使用 Scala 编写单元测试将使你在诸多方面受益。

- 这是一种将 Scala 引入你的当前项目中的好方式。即使你的生产代码可能是用 Java 编写的，你也可以使用 Scala 来编写测试代码。
- 这也是学习 Scala 的好方法。在学习 Scala 的同时，你可以通过编写测试用例来探索 Scala 语言以及它的 API。
- 它有助于改进你的设计。对于大型的复杂代码[①]进行单元测试是非常困难的。为了测试它，你最终会让代码粒度更细。这也将催生更好的设计，使代码更加高内聚、松耦合、易于理解和维护。

在 Scala 中进行单元测试有多种选择：可以使用基于 Java 的测试工具（如 JUnit），也可以使用 ScalaTest。近年来，ScalaTest 已经发生了相当大的变化——当工具快速革新时，我们提供的示例代码越详细，就越容易过时。因此，本章只提供简单的介绍以及一些建议。有关 ScalaTest 的详尽资料，还请阅读相应的在线教程。

16.1 使用 JUnit

使用 JUnit 来运行用 Scala 编写的测试非常简单。因为 Scala 编译为 Java 字节码，所以你也可以使用 Scala 来编写自己的测试，并使用 `scalac` 来将代码编译为 Java 字节码，然后像通常运行 JUnit 测试一样运行这些测试。要记得在自己的 `classpath` 中包含 Scala 库。让我

---

① 这里是指复杂的大段代码，而不是指需要集成测试的功能集。——译者注

们看一个使用 Scala 编写 JUnit 测试的例子。

> **UnitTesting/UsingJUnit.scala**
> ```scala
> import java.util
> import org.junit.Assert._
> import org.junit.Test
>
> class UsingJUnit {
>   @Test
>   def listAdd(): Unit = {
>     val list = new util.ArrayList[String]
>     list.add("Milk")
>     list add "Sugar"
>     assertEquals(2, list.size)
>   }
> }
> ```

我们导入了 java.util.ArrayList 和 org.junit.Test 类，同样包含了 org.junit.
Assert 类的所有方法。这和在 Java 5 中引入静态导入（static import）一样。我们的
测试类 UsingJUnit 有一个测试方法 listAdd()，由 JUnit 4.0 的 @Test 注解装饰。在测
试方法中，我们创建了一个 ArrayList 的实例，并首先将字符串 "Milk" 加到其中。这
是纯 Java 语法，只是语句末尾没有分号。两外，下一行语句添加了一些 "糖"，说明了 Scala
中的一些语法糖——可以省略掉 . 和括号。在用 Scala 编写单元测试时，你可以享受这样轻
量的语法——用于测试 Java 代码和 Scala 代码。最后我们断言 ArrayList 的实例拥有两
个元素。

我们可以使用 scalac 来编译这段代码，并像通常运行任何 JUnit 测试一样运行这段代
码。下面是要执行的命令：

```
scalac -d classes -classpath $JUNIT_JAR:$HAMCREST_JAR UsingJUnit.scala
java -classpath $SCALALIBRARY:$JUNIT_JAR:$HAMCREST_JAR:classes \
  org.junit.runner.JUnitCore UsingJUnit
```

设置好计算机上的环境变量 $JUNIT_JAR、$HAMCREST_JAR 和 $SCALALIBRARY，将
它们分别指向 JUnit、Hamcrest 以及 Scala 库的相应 JAR 文件的位置。下面是执行测试命令的
结果[①]：

```
JUnit version 4.12
.
Time: 0.003

OK (1 test)
```

[①] 在生产中，我们都会使用 maven-scala-plugin 或者 SBT 插件，只需要导入正确的依赖，并将测试代码写在 test
目录中即可。——译者注

看到用 Scala 编写 JUnit 测试有多么简单了吗？通过利用熟悉的 Scala 习语来阐明自己的代码，将获益匪浅。在 Scala 中使用 JUnit 来测试 Java 代码、Scala 代码或者其他任何为 Java 平台编写的代码都是非常简单的。接下来，我们将了解 ScalaTest 提供的能力，及其相对于 JUnit 的优点。

16.2　使用 ScalaTest

对 Scala 代码进行单元测试，使用 JUnit 是一个很好的起点。然而，当你对 Scala 更加熟悉的时候，你将会想要利用 Scala 的简洁性以及习语来进行单元测试。当你准备好了的时候，你可能想要采用 ScalaTest。ScalaTest 是一款由 Bill Venners 编写，并由许多其他开发者参与贡献的测试框架。它提供了简洁的语法用来做断言，并支持使用函数式风格来测试 Scala 和 Java 代码。

因为 ScalaTest 不随 Scala 一起发布，所以需要单独下载。[1]下载完对应的 JAR 之后，设置一个环境变量——SCALA-TEST-JAR，指向该 JAR 文件的完整路径。

已经下载好了 ScalaTest，让我们来编写一个测试吧，它类似于我们使用 JUnit 编写的那个测试，只是这次我们使用的是 ScalaTest。

UnitTesting/UsingScalaTest.scala

```
import java.util
import org.scalatest._

class UsingScalaTest extends FlatSpec with Matchers {
  trait EmptyArrayList {
    val list = new util.ArrayList[String]
  }

  "a list" should "be empty on create" in new EmptyArrayList {
    list.size should be(0)
  }

  "a list" should "increase in size upon add" in new EmptyArrayList {
    list.add("Milk")
    list add "Sugar"

    list.size should be(2)
  }
}
```

我们将 ScalaTest 的 FlatSpec 和 Matcher 特质混入了 UsingScalaTest 类中。因为

---

[1] 在实际生产中，我们使用具体的构建工具来进行测试集成。——译者注

有对 should 语法（实际上是一个方法）的支持，所以 ScalaTest 推荐使用类 RSpec 的语法编写测试。在这个测试中，我们首先创建了一个名为 EmptyArrayList 的特质。你可以创建多个特质，对于每个你想要在测试中使用的测试实例的配置，你都可以编写一个。例如，如果想要使用样本数据填充该列表，那么你可以在另一个特质中执行这项操作。

我们使用 new EmptyArrayList 将 EmptyArrayList 特质混入两个单元测试中。这也使在该特质中创建的名为 list 的变量可以在单元测试中可用。在这些单元测试中的代码几乎是自描述的。

使用下面的命令编译和运行这段测试代码：

```
scalac -d classes -classpath $SCALA_TEST_JAR UsingScalaTest.scala
scala -classpath $SCALA_TEST_JAR:classes org.scalatest.run UsingScalaTest
```

和我们的指示一致，ScalaTest 将会混入该特质，并执行我们在单元测试中编写的测试方法，以产生下面的输出结果：

```
Run starting. Expected test count is: 2
UsingScalaTest:
a list
- should be empty on create
a list
- should increase in size upon add
Run completed in 181 milliseconds.
Total number of tests run: 2
Suites: completed 1, aborted 0
Tests: succeeded 2, failed 0, canceled 0, ignored 0, pending 0
All tests passed.
```

ScalaTest 非常强大。它内置了多种特质，可以方便地使用不同的工具进行模拟。例如，如果你使用 Mockito 来创建存根代码（stub）、模拟代码（mock）或者探查代码（spy），你就可以完全地享受 Scala 的易用性。让我们来看一下 16.3 节的内容。

16.3 使用 Mockito

我们应该尽可能地消除或者至少是减少依赖。对于基本的固有依赖，你可以使用存根代码或者模拟代码临时替代，以从单元测试中获得快速的反馈。

如果你已经有结合 JUnit 使用 EasyMock、JMock 或者 Mockito 的经验，那么你也可以随时搭配 ScalaTest 使用它们。让我们通过探索一个例子，来说明 Mockito 和 ScalaTest 的结合使用。

16.3.1 函数式风格的测试

让我们首先从针对 score() 方法的一系列测试开始，该方法在猜谜游戏中使用。这个方法将根据元音的数量返回一个总分——元音算 1 分，其他字符算 2 分。

在前面的示例中，我们使用了 trait 来持有被测试的实例。ScalaTest 还提供了一个 BeforeAndAfter 特质可供混入，对于每个测试方法，它都会调用一次 before 和 after 方法。我们还可以使用另外一种技术，即函数式风格的测试，如下面的测试所示。

```scala
import org.scalatest.{ FlatSpec, Matchers }

class WordScorerTest extends FlatSpec with Matchers {

  def withWordScorer(test: WordScorer => Unit): Unit = {
    val wordScorer = new WordScorer()

    test(wordScorer)
  }

  "score" should "return 0 for an empty word" in {
    withWordScorer { wordScorer => wordScorer.score("") should be(0) }
  }

  "score" should "return 2 for word with two vowels" in {
    withWordScorer { _.score("ai") should be(2) }
  }

  "score" should "return 8 for word with four consonants" in {
    withWordScorer { _.score("myth") should be(8) }
  }

  "score" should "return 7 for word with a vowel and three consonants" in {
    withWordScorer { _.score("that") should be(7) }
  }
}
```

该 withWordScorer() 方法是一个辅助方法，而不是一个测试。它接受一个测试函数作为它的参数，并将一个 WordScorer 的实例，即被测试的类，传递给该测试函数。

在第一项测试中，我们调用了 withWordScorer() 方法，并传递给它一个函数值。函数值实际上就是测试代码；它接受一个 WordScorer 的实例，并断言当传递了一个空的 String 时，它的 score() 方法将返回 0。

在其余的测试中，我们以相同的方式使用了 withWordScorer() 方法。但有一个区别是，我们使用了下划线（_）来引用该函数值接收到的参数，而不是更加冗余地显式名称 wordScorer。

让我们来实现满足这些测试的 score() 方法。

```scala
class WordScorer() {
  private val VOWELS = List('a', 'e', 'i', 'o', 'u')
```

```scala
def score(word: String): Int = {
  (0 /: word) { (total, letter) =>
    total + (if (VOWELS.contains(letter)) 1 else 2)
  }
}
```

要编译和运行这些测试，要使用下面的命令：

```
scalac -d classes -classpath $SCALA_TEST_JAR \
  WordScorer.scala WordScorerTest.scala
scala -classpath $SCALA_TEST_JAR:classes org.scalatest.run WordScorerTest
```

让我们通过运行这些测试来保证所有的这些测试都能通过：

```
Run starting. Expected test count is: 4
WordScorerTest:
score
- should return 0 for an empty word
score
- should return 2 for word with two vowels
score
- should return 8 for word with four consonants
score
- should return 7 for word that with a vowel and three consonants
Run completed in 181 milliseconds.
Total number of tests run: 4
Suites: completed 1, aborted 0
Tests: succeeded 4, failed 0, canceled 0, ignored 0, pending 0
All tests passed.
```

对于被测试的方法，我们已经拥有了一些基本的特性。现在让我们通过引入一个依赖来将其带入一个新的层次。

16.3.2　创建一个 Mock

让我们为目前的问题添加一项新的需求。如果给定的单词拼写不正确，那么 `score()` 方法应该返回 0；否则，它将返回一个有效的分数。

现在我们需要修改前面的方法以启用拼写检查器，但是用哪一个呢？快速地使用谷歌搜索 "Java Spell Checkers" 应该能够让你相信，这不是一个你想要快速做出的决定——因为实在有太多的选择了。我们的解决方案是对拼写检查器进行 mock 屏蔽，从而保持对 `score()` 方法的关注，与此同时，获得快速的测试反馈。

在处理不正确的拼写之前，集成了拼写检查器之后，我们希望确保当前的测试仍然能够继续通过。为此，要做一系列的小改动。

首先，我们需要一个接口，当然，也就是 Scala 中的特质（trait），用来抽象一个拼写检查器：

```
trait SpellChecker {
  def isCorrect(word: String): Boolean
}
```

现在，让我们修改测试类中的 withWordScorer() 方法，从而创建一个 SpellChecker 的 mock。

```
import org.scalatest.{ FlatSpec, Matchers }
import org.mockito.Mockito._
import org.mockito.ArgumentMatchers.anyString

class WordScorerTest extends FlatSpec with Matchers {

  def withWordScorer(test: WordScorer => Unit): Boolean = {
    val spellChecker = mock(classOf[SpellChecker])
    when(spellChecker.isCorrect(anyString)).thenReturn(true)
    val wordScorer = new WordScorer(spellChecker)

    test(wordScorer)

    verify(spellChecker, times(1)).isCorrect(anyString())
  }

  // 测试代码没有更改，和前面的版本保持一致
  "score" should "return 0 for an empty word" in {
    withWordScorer { wordScorer => wordScorer.score("") should be(0) }
  }

  "score" should "return 2 for word with two vowels" in {
    withWordScorer { _.score("ai") should be(2) }
  }

  "score" should "return 8 for word with four consonants" in {
    withWordScorer { _.score("myth") should be(8) }
  }

  "score" should "return 7 for word that with a vowel and three consonants" in {
    withWordScorer { _.score("that") should be(7) }
  }

}
```

使用 Mockito 的 mock() 方法，我们为 SpellChecker 接口创建了一个 mock 对象。当前所有的测试都具有拼写正确的单词。为了满足这些测试用例，我们使用了 when() 方法来指示该 mock 对象，当有任何单词作为参数传递给了 isCorrect() 方法的时候，它都将

返回 true。然后，我们将 SpellChecker 的 mock 实例传递给 WordScorer 的构造函数。一旦我们从 test() 方法调用返回了之后，我们也就向其传递了 WordScorer 的实例，我们请求 Mockito 来验证该 mock 实例的 isCorrect() 方法仅仅被调用了一次，而不管字符串参数是什么。

我们只改变了 withWordScorer() 方法，对应的测试用例和之前的版本保持一致。因为我们现在正在向 WordScorer 的构造函数传递一个参数，所以我们必须要对该类做对应的修改。此外，要通过测试，score() 方法必须要使用 SpellChecker 的 isCorrect() 方法。让我们做最小的代码改变，以通过测试。

```scala
class WordScorer(val spellChecker: SpellChecker) {
  private val VOWELS = List('a', 'e', 'i', 'o', 'u')

  def score(word: String): Int = {
    spellChecker.isCorrect(word)
    (0 /: word) { (total, letter) =>
      total + (if (VOWELS.contains(letter)) 1 else 2)
    }
  }
}
```

WordScorer 类接受并存储了一个对 SpellChecker 实例的引用。该 score() 方法调用 isCorrect() 方法只是为了满足这些测试用例。

我们需要包含 Mockito 库来成功地编译和运行这些测试。下载 Mockito 并设置环境变量 $MOCKITO_JAR，将其指向对应的 JAR 文件。然后运行下面的命令：

```
scalac -d classes -classpath $SCALA_TEST_JAR:$MOCKITO_JAR \
  WordScorer.scala SpellChecker.scala WordScorerTest.scala
scala -classpath $SCALA_TEST_JAR::$MOCKITO_JAR:classes \
  org.scalatest.run WordScorerTest
```

现在，我们已经添加了 mock 实例和修改过后的类，让我们通过运行这些测试，来确保这些测试仍然可以通过：

```
Run starting. Expected test count is: 4
WordScorerTest:
score
- should return 0 for an empty word
score
- should return 2 for word with two vowels
score
- should return 8 for word with four consonants
score
- should return 7 for word that with a vowel and three consonants
Run completed in 316 milliseconds.
Total number of tests run: 4
```

```
Suites: completed 1, aborted 0
Tests: succeeded 4, failed 0, canceled 0, ignored 0, pending 0
All tests passed.
```

最后，让我们为一项错误的拼写编写测试：

```
"score" should "return 0 for word with incorrect spelling" in {
  val spellChecker = mock(classOf[SpellChecker])
  when(spellChecker.isCorrect(anyString)).thenReturn(false)
  val wordScorer = new WordScorer(spellChecker)

  wordScorer.score("aoe") should be(0)
  verify(spellChecker, times(1)).isCorrect(anyString())
}
```

因为我们需要 SpellChecker mock 的 isCorrect()方法返回 false，所以在这个新添加的测试中，我们创建了一个新的 mock，而不是复用在 withWordScorer()方法中创建的那个 mock。现在，运行这些测试都会失败，因为 WordScorer 的 score()方法当前忽略了调用 isCorrect()方法的返回结果。让我们改变这一点。

```
def score(word: String): Int = {
  if (spellChecker.isCorrect(word))
    (0 /: word) { (total, letter) =>
      total + (if (VOWELS.contains(letter)) 1 else 2)
    }
  else
    0
}
```

现在，只有在给定的单词拼写正确的时候，score()方法才会返回有效的分数，否则它会返回 0。使用和之前相同的命令，再次运行这些测试，然后我们看到：所有的测试，包括新添加的那一项测试，都通过了。

```
Run starting. Expected test count is: 5
WordScorerTest:
score
- should return 0 for an empty word
score
- should return 2 for word with two vowels
score
- should return 8 for word with four consonants
score
- should return 7 for word that with a vowel and three consonants
score
- should return 0 for word with incorrect spelling
Run completed in 208 milliseconds.
Total number of tests run: 5
Suites: completed 1, aborted 0
Tests: succeeded 5, failed 0, canceled 0, ignored 0, pending 0
```

```
All tests passed.
```

你看到了在 ScalaTest 中使用 Java 的模拟库是多么容易。现在已经没有什么可以阻碍你从单元测试的快速反馈中获益了。

16.4　小结

即使 Scala 拥有敏锐的静态类型，而且在编译时也能够捕获到不少的错误，但是单元测试仍然是很重要的。它可以极大地帮助你快速地获取反馈，即不断演进的代码能够继续按照预期工作。你可以使用 JUnit 来测试 Scala 代码。但是 ScalaTest 也是同时测试 Scala 代码和 Java 代码的好工具。除了提供了流畅的测试能力之外，ScalaTest 还可以非常容易地使用在 Java 生态中流行的模拟库。

我们已经到达了这段旅程的终点，并来到了美好的彼岸。你现在已经可以学以致用了。享受 Scala 的简洁且富有表现力的能力吧。我真诚地希望你可以从本书中获益，并能够将这些概念应用到更大的场景中。感谢你的阅读。

附录 A

安装 Scala

安装 Scala 非常简单。你可能已经找到了在自己的操作系统上安装它的说明。如果你需要额外的帮助，请阅读本附录。

A.1 下载

在开始之前，请先下载最新稳定版本的 Scala。选取最适合操作系统的版本。

本书中的例子是基于以下版本的 Scala 进行测试的：

```
Welcome to Scala 2.12.6 (Java HotSpot(TM) 64-Bit Server VM, Java 1.8.0_172).
```

除了 Scala，你还需要安装 JDK 1.8 或者更新的版本。[①]花点儿时间检查自己的系统上已安装和激活的 Java 版本。

下载完成之后，让我们开始在当前的操作系统上安装 Scala 吧。[②]

A.2 安装

假设你已经下载了 Scala 的二进制发行版，并且也验证了你的 Java 安装正确。具体的安装步骤因所使用的操作系统而异，参见下面的相关小节。

A.2.1 在 Windows 上安装 Scala

在 Windows 操作系统上，msi 程序包可以很好地引导我们完成所有的安装步骤，请按照

---

① 使用 Scala 2.12.x 需要使用 JDK 1.8 及更高的版本，使用 Scala 2.11.x 需要 JDK 1.6 及更高的版本。——译者注

② 使用 Scala 最简单的方式是通过 IDE 或者 SBT。——译者注

安装过程中显示的说明进行操作。[①]选择合适的位置来存放 Scala 的二进制文件。如果你没有特别优选的存放位置，我建议将 Scala 的发行版存放到 C:\programs\scala 目录下。请选择一个没有空格的文件夹名称，因为带空格的路径名称经常会引起麻烦。

确保一切安装就绪。关闭所有打开的命令行窗口，因为在重新打开窗口之前，对环境变量的更改将不会生效。在新的命令行窗口中，输入 scala -version，并确保其显示的是刚才安装的 Scala 版本。如果完成了这一项，就可以使用 Scala 了。

A.2.2　在类 Unix 操作系统上安装 Scala

在类 Unix 操作系统上安装 Scala 有好几种方式。在 Mac OS X 操作系统上，可以使用 brew install scala。在其他类 Unix 操作系统上，请使用合适的安装包或者包管理器。

或者，直接下载分发文件，并使用 untar 命令解压它。将解压后的目录移动到合适的位置。例如，在我的操作系统上，我将解压后的文件夹复制到了 /opt/scala 文件夹。最后，设置路径指向 Scala 分发版本的 bin 文件夹。

最后一步，让我们运行 Scala 以确保安装顺利完成。从技术上说，我们可以使用 source 命令来使环境变量生效，但是直接打开一个新的终端窗口明显更加容易。在其中输入 scala -version，并确保其显示的是你所预期的 Scala 版本。现在便可以使用 Scala 了。

---

① 也可以通过 scoop install scala 来进行安装。——译者注

参考文献

[AS96] Harold Abelson and Gerald Jay Sussman. *Structure and Interpretation of Computer Programs*. MIT Press, Cambridge, MA, 2nd, 1996.[①]

[Bec96] Kent Beck. *Smalltalk Best Practice Patterns*. Prentice Hall, Englewood Cliffs, NJ, 1996.[②]

[Blo08] Joshua Bloch. *Effective Java*. Addison-Wesley, Reading, MA, 2008.

[Fri97] Jeffrey E. F. Friedl. *Mastering Regular Expressions*. O'Reilly & Associates, Inc., Sebastopol, CA, 1997.[③]

[GHJV95] Erich Gamma, Richard Helm, Ralph Johnson, and John Vlissides. *Design Patterns: Elements of Reusable Object-Oriented Software*. Addison-Wesley, Reading, MA, 1995.[④]

[Goe06] Brian Goetz. *Java Concurrency in Practice*. Addison-Wesley, Reading, MA, 2006.[⑤]

[HT00] Andrew Hunt and David Thomas. *The Pragmatic Programmer: From Journeyman to Master*. Addison-Wesley, Reading, MA, 2000.[⑥]

[Sub11] Venkat Subramaniam. *Programming Concurrency on the JVM*. The Pragmatic Bookshelf, Raleigh, NC, and Dallas, TX, 2011.

[Sub14] Venkat Subramaniam. *Functional Programming in Java*. The Pragmatic Bookshelf, Raleigh, NC, and Dallas, TX, 2014.

① 中文版书名为《计算机结构和解释》。——译者注

② 中文版书名为《Smalltalk 最佳实践模式》。——译者注

③ 中文版书名为《精通正则表达式》。——译者注

④ 中文版书名为《设计模式：可复用面向对象软件的基础》。——译者注

⑤ 中文版书名为《Java 并发编程实战》。——译者注

⑥ 中文版书名为《程序员修炼之道：从小工到专家》。——译者注